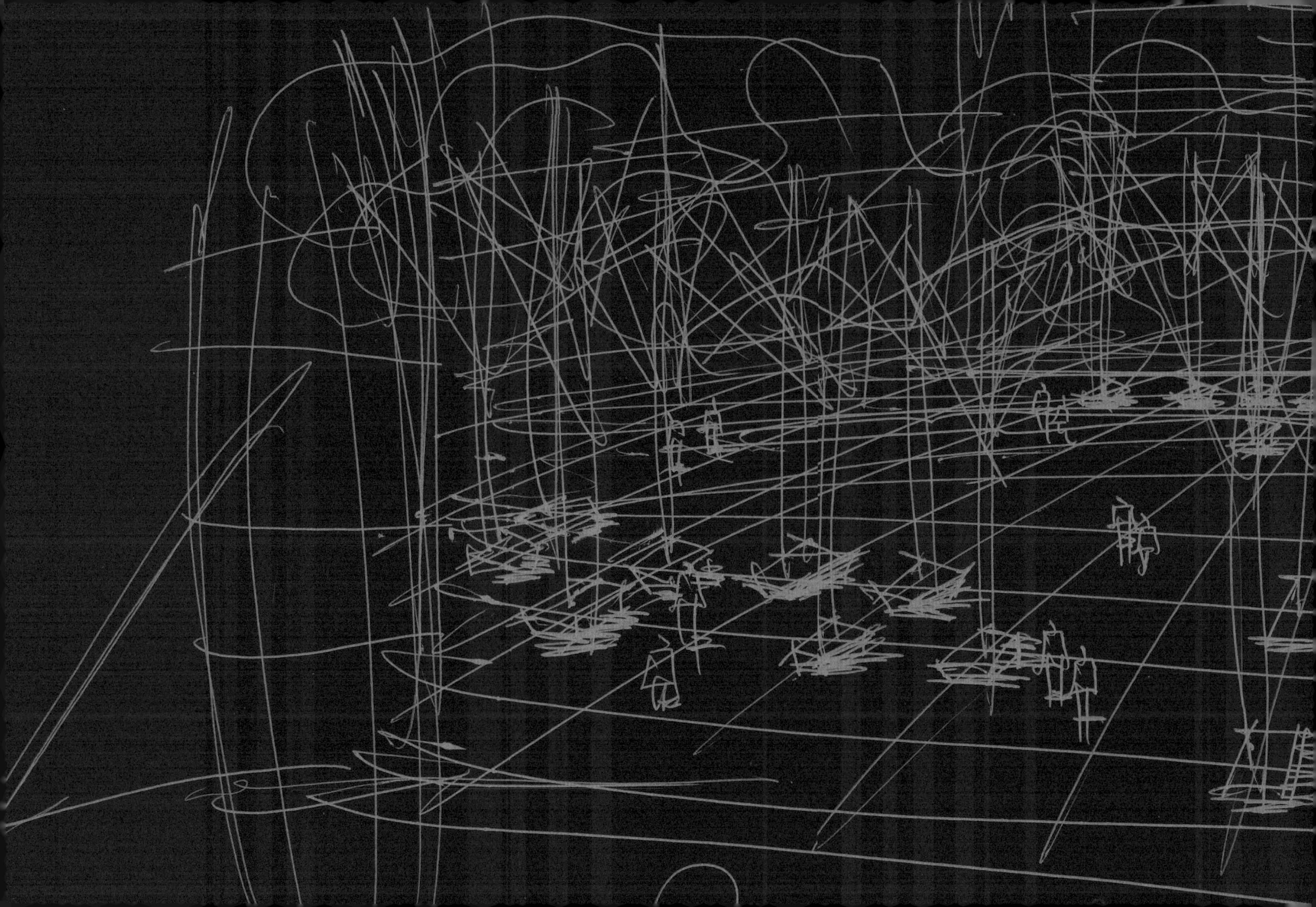

초벌그림을 그리다

Landscape Architecture 아뜰리에 나무 Atelier Namoo http://www.ateliernamoo.com

초판 1쇄 펴낸날 I 2006년 12월 6일 지은이 I 이수학, 정성훈 펴낸이 I 오휘영 펴낸곳 I 도서출판 조경
등록일 I 1987년 11월 27일 신고번호 I 제 406-2006-00005호
주소 I 경기도 파주시 교하읍 문발리 파주출판도시 529-5 전화 I 031.955.4966~8
팩스 I 031.955.4969 전자우편 I klam@chol.com 편집 I 남기준 디자인 I 아뜰리에 나무, 영준그래픽스
필름출력 I 영준그래픽스 인쇄 I 백산인쇄
ISBN 89-85507-41-9 93600

정가 12,000원

2003_2006

초벌그림을 그리다

이수학 | 정성훈

도서출판
조경

전곡선사박물관국제설계경기 초벌그림, 2006 초봄

다시 나무에서 _편집의 글을 가름하며

그동안 나무의 작업을 간단하게 묶었다. 묶으면서 계절이 네 번 바뀌었다. 까닭에 몇 개의 목록이 더 추가되었다. 이 완강한 게으름으로, 흔들리면서 잎이 나고, 빛깔이 변하고, 떨어졌다가 새잎이 돋는 나뭇잎처럼 같으나 또 같지 않은 변화의 시간을 망연히 바라본다. 초벌그림을 그린 노란 계획지가 먼지처럼 쌓이는 동안 우리는 생존의 문제와 맞닥뜨려야 했고, 디자인이라는 독도 함께 마셔야 했다. 그래서 일까, 온 몸에 곰팡이가 폈다.

몰랐다. 그 안에 있던 생각의 씨가 곰팡이의 포자였다는 것을. 그렇게 우리는 함께 푸르디 푸른 곰팡이가 되어가고 있었던가. 파란 하늘에 푸른 옷을 입은 너의 환영이 시리고 아리다. 하여 어느 날 나는 너의 몸에 핀 곰팡이 꽃을 보면서 입을 맞추리라. 살아있다면 그리하리라. 사랑과 세계의 평화를 위해 조경을 하고 있다고 술자리가 아니라 맨 몸으로 말할 날이 있지 않겠는가. 그 동안 바람이 불고, 눈이 쌓이고, 낙엽이 지고, 흘러간 유행가를 흥얼거리리라. 여전히 노래하리라. 카바레 가수처럼, 때론 적군을 위해. 이렇게 묶는다.

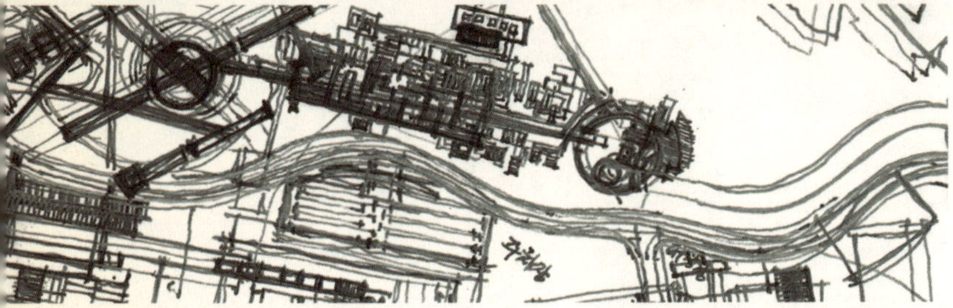

차 례

버스를 타다

출근길 63-1번을 탄다. 벌써 여름의 끝자락이었던가. 냉동창고처럼 에어컨을 틀어대던 버스가 체온처럼 적당한 온기를 간직하고 있다. 버려진 영동백화점이 있는 사거리, 온기가 빠져나간 맘모스의 시체로 사거리 주변은 활력을 잃어버렸다. 언덕을 내려가며 낮에는 자동차가 몸을 풀고, 밤이면 인간이 영혼을 내려놓는 카센터 겸 포장마차 집을 지난다. 사거리 신호등에 멈춰서면 바로 앞에 드완 대신 배낭을 메고 빈 콜라 깡통을 잡으러 올라가는 킹콩이 보인다. 극장은 사라지고 기표만 거기 남겨졌다. 한 무리의 아가씨들이 내린다. 성형외과 의사들이 집성촌을 이룬 마을로 접어들면 연노랑꽃을 오래도록 피우고 있는 회화나무 길을 지난다. 큰 다리 세 개나 지나도록 그 길은 끝나지 않으리라. 뫼비우스 띠 같은 고가를 올라 한강을 건넌다. 인간의 집으로 쌓은 성벽이 강을 사이에 두고 마주한다. 자주 물색을 바꾸는 강물과 그 보다 더 빠르게 색을 바꾸는 하늘이 만드는 긴 허공의 터널 속을 갈매기가 활공 한다. 봄이면 노란색으로 바뀌는 달맞이산 앞쪽으로 제국의 간판이 우뚝 솟아있다. 어둠이 빛으로 환원되는 터널을 지나면 등나무 늘어진 옹벽이 있고 다시 터널을 건너면 담쟁이가 벽을 덮고 있다. 그 시절 박치기 아저씨도 있고, 대통령도 뽑아내던 체육관은 이제 염가행사가 더 자주 인듯하다. 남산의 북동쪽 자락을 본다. 자유센터와 타워호텔, 국립극장과 수표교. 멀리 남산타워가 구름 위로 솟아 있다. 안개 낀 장충단 공원. 원조할머니만 있는 족발거리 끝자락에 기름집과 이웃한 경동교회의 붉은 벽돌이 짙다. 혈서 현수막 지나, 카멜레온 건물 지나, 이탈리아식 작명 지나, 두타산 지나, 주차장으로 바뀐 동대문운동장 앞 두 그루 가중나무 지나 평화시장 길게 누워 있는 사이로 동대문이 들어온다. 용골龍骨만 남은 청계고가도 며칠 사이 흔적 없으리라. 허망하리라. 섬처럼 떠있는 동대문과 흥인지문 사이에 오간수문은 간 곳 없다. 꽃나무 수벽처럼 솟아있는 길 사이로 책 냄새 풀풀거리는 대학천을 본다. 디자인포장센터 뜰 앞의 가중나무 세 그루 사거리 건너의 고층숲에 다윗처럼 맞서 있다. 마로니에 무색한 대학로. 흥사단과 문예회관이 보이지 않듯 태권브이의 뿔같

던 건물도 간판에 가려 아무런 형해形骸도 보여주지 못하지만 그 옆에 버즘나무 장하게 서 있다. 중앙분리대의 기하는 혜화동로타리의 콘크리트 구체에서 물을 뿜어올리며 대미를 장식한다. 명륜동을 빙 돌아 은행나무 커다란 대성전을 지난다. 비 오는 날이면 사티의 짐노페디만 줄창 트는 플라타너스 사이에 박힌 레코드가게. 망자의 관문 대학병원의 영안실. 동물원과 벚나무에 대한 기억만을 가진 궁궐은 다시 제자리로 돌아왔지만 원남동사거리에 서면 사라진 고가와 높은 옹벽이 종묘와 창경궁에 대한 지형의 기억을 떠올리게 한다. 종로로 접어들어 버스는 다시 왔던 길을 되물어가고 나는 닭한마리칼국수집과 낯익은 주방용구들이 늘어서 있는 이면도로로 스며든다. 올해는 어리연꽃 한 뿌리도 못 사고 지나가나 보다. 비가 그치지 않는다.

2003 0818

2003년 8월 19일, 63-1번을 타고 가면서 찍은 사진
영동백화점사거리, 학동사거리, 압구정 회화나무, 동호대교 남쪽 초입, 동호대교에서 본 한강, 금호터널, 장충체육관, 정동교회, 동대문운동장, 청계고가 교각, 청계천, 흥인지문, 국제교류센터, 버스안

2006

철암에 내려와 있다. 골뱅이피씨방. 철암역 철길을 무단횡단해 이제는 사용하지 않는 선탄시설을 가로질러 저탄장과 폐석장을 올랐다. 최근의 석탄 수요 때문인지 저탄장의 석탄을 트럭으로 실어내리고 있었다. 얼마만큼의 석탄이 쌓여 있는 것일까. 처음 철길을 건너면서 드는 막연한 두려움이 저탄장의 꼭대기로 올라갔을 때쯤은 완전히 가셨다. 저탄장 위에 철암 동네가 한 눈에 들어온다. 굽이쳐 흐르는 천과 철길, 그 계곡의 끝자락에 자리 잡았던 집들. 조금 혼란스럽다. 철암을 바라보며 철암이 아니라 나 자신에게 몇 번이고 물어보게 된다. 왜 나는 철암으로 왔을까, 이 막연한 행보는 무슨 연유인가, 나는 난지도와 청계천에서 왜 다시 철암으로 내려왔는가. 조경가 또는 계획가, 이런 이름이 아니라 오히려 라쉬스 선생이 얘기했던 플락티시앙practicien으로 자신의 위치는 무엇인가. 눈앞의 현실이 아니라 역사의 현실, 계획가의 현실과 만나야 한다는 생각이 든다. 바로 이 지점, 돈키호테가 만났던 현실은 그러한 현실이 아니었던가. 또 다른 생각, 자신을 자신이 대면하고 있는 눈앞의 것이 아니라 그 너머의 것과 만나고 그것을 통해 현실의 극복과 동시에 미래의 전망을 내놓아야 한다면, 그렇다 아무도 보지 않는 그 자리에 능동적으로 가 있어야 하지 않는가.

2006 0122

철암, 선탄장 안, 쏟아지는 빛 알갱이를 보다, 2006 0122.

제 3의 무대에 움직이는 숲을 놓다

_세종문화회관 주차장 공원화계획 현상설계

2006. 08

4,422.00m²

1. 서울, 1984

토요일 오후 세 시면 어김없이 세종다방 어두운 지하에 모이곤 했었다. 그리고 모임이 끝나면 세종문화회관 뒷골목의 파전집이며, 떡볶이집, 맥주집에서 술을 마셨다. 봄부터 겨울까지 어느 날에는 비가 왔고, 어느 날은 세종문화회관 분수대에 타자화된 자신을 빠트리면서 놀았다. 가을에는 그나마 하늘이 조금 맑았고, 겨울에는 눈싸움을 했다. 그 시절, 광화문 논장이 있었고, 양지다방 창밖으로 오가는 사람들을 멍하니 바라보며 시간을 보내기도 했다.

그 때, 광화문이라고도 하고, 세종문화회관이라고도 하면서 놀던 그곳은 구로공단이나 종로, 영등포 뒷골목이나 대학가 앞의 공간이 가진 분위기와 사뭇 다른 곳이었다. 억압의 정치적 무게는 깊이 내재된 채 드러나지 않고 오히려 중립적인 느낌을 주었으며 길바닥에 남아있는 최루탄 분말 찌꺼기로 눈물을 쏟아내지 않던 곳이었다. 미대사관의 흉물스러움을 넘어선다면 사간동의 불란서문화원이 가진 숨통과 통인동과 경복궁 사이의 가로가 주는 적당한 무게가 정부종합청사와 경찰청을 넘어서 세종문화회관 분수대와 주차장까지 내려왔다. 이순신장군 동상에 토끼털 귀마개를 해주고 싶던 그때에 세종문화회관 뒤쪽은 근처에서 유일하게 열린 공간이었고 우리는 거기서 잠깐씩 크게 웃고 떠들었다. 갑옷 입은 겁먹은 감시의 눈망울 너머 허위와 천한 폭압의 욕망을 향해 허허로운 웃음을 크게 웃고 싶던 시절이었다, 거기서.

2. 거리가 문화의 중심이다

경복궁과 덕수궁 그리고 육조거리의 엄숙함을 이야기하지 않더라도 청와대에서부터 정부종합청사와 시청까지 그리고 네 개의 신문사와 외국 공관들, 구세군과 성공회교회 그리고 조금 멀리 조계종까지 역사의 무게와 현재가 정색을 하고 있는 곳, 게다가 서울시립미술관, 서울역사박물관, 조선일보미술관과 일민미술관, 사간동 화랑가와 정동극장, 세실극장, 씨네큐브-국제극장의 현현顯現으로-로 둘러싸인 문화적 지형도를 그리고 있다. 세종문화회관은 이러한 역사, 정치, 문화, 예술과 어울리면서 행위예술의 상징적 중심에 있다. 그러나 머리속에서 그려지는 이 문화적 경관은 각각이 두터운 각질과 단단한 갑옷 속에 자신을 가둬두고 어떠한 만남도 없이, 내재적인 축도 가지지 못한 채 파편으로 존재하는 한계를 가지고 있다. 그렇다면 이곳에서 저곳을 연결하고 모두가 소통하는 유일한 물리적 증거인 거리에서 이들을 서로 만나게 해야 하지 않는가.

'거리에 나가자. 거리에는 이 시대의 드러난 진실과 숨겨진 진실이 필연적으로 만나는 축제가 있다. 거리에 나가자 …… 보라, 시는 거리에 있다. 문학은 개인의 배설이 아니라 역사의 생산이다 …… 문화는 만인의 복지다. 우리에게 아직 거리가 낯설다 하더라도 우리에게 거리가 불안하더라도 그러나 우리의 삶의 중심은 오늘과 내일의 거리에 있다 …… 오늘의 세계는 나 혼자의 세계가 아니라 끊임없이 자아를 낳고 자아를 극복하는 공동의 사회를 지향하고 있다 …… 거리의 문학을 꿈꾸는 것이다. 거리는 진리와 함께 우리를 끝없이 자유케 한다 ……'

– 전예원거리의문학 1001, 고은시집, 가야 할 사람, 1986, 뒷 표지에 실린 '전예원거리의문학' 시리즈에 관한 발문 중에서

여기서 '문학'을 '문화'로, '예술'로 바꾸어도 무방하리라. 이제 예술은 엄숙하게 갇힌 곳이 아니라 열린 공간에서, 쇼케이스의 차가운 피안이 아니라 살 부비는 여기, 가슴 뜨거운 거리에서 이루어져야 한다. 거리가 문화의 중심이다. 그리고 그 거리의 여울목은 광장이 아닌가. 그 해, 우리의 자유에 대한 긴 여정은 거리에서 이루어졌다.

3. 제 3의 무대에 움직이는 숲을 놓다

하여 단단하게 갇힌 실내 무대와 상반된 하늘과 도시를 향해 열린 자유로운 무대를 놓는다. 움직이는

행동 예술의 장으로서 무대는, 세종문화회관의 존재가 갇혀 있는 공간이 아니라 도시와 사람 그리고 자연을 향해 열려 있을 때 완성된다. 이 열린 공간은 하늘과 도시의 벽과 무수한 사람들이 무제한으로 만나는 제 3의 무대가 된다. 거대한 하나의 판으로 들어올려진 무대이면서 동시에 객석이고, 광장이면서 동시에 공원의 역할을 한다. 여기, 무대와 객석은 상징적으로 구분지어질 뿐 자리 구분 없이 또한 자유롭다. 소리는 흩어지고, 빛은 산란하며 몸짓은 오랜 여운을 남긴다.

공원이면서 광장인 '초록' 의 무대는 어떤가. 가변의 공간, 다양한 쓰임과 잿빛의 도시를 무화시켜 먼 산과 하늘의 푸르름을 이어주는 초록의 바다인 무대 그래서 고정되어 있지 않으면서 푸르름을 주는 '움직이는 숲' 을 놓기로 한다. 이 숲은 평상시에 무대 전체를 덮고 있다가 공연과 축제를 위해 자리를 마련해주는 움직이는 무대장치다. 객석과 무대를 막는 가림벽이면서 그늘을 주는 숲이고, 노란 낙엽을 흩뿌리는 축제의 종이가루이면서 앙상한 가지로 하늘을 가리는 거미손이다. 이렇게 움직이는 숲은 고정되고 단단한 외부 공간에 수많은 변화의 풍경을 만들어낸다.

4. 움직이는 초록상자와 격자의 궤도를 깔다

초록상자는 나무가 심어지는 식재 상자다. 움직이는 숲을 위해 탄광의 광차鑛車에서 빌어 온 식재상자는 3미터 간격의 격자로 깔린 궤도 위를 움직이게 된다. 초록상자의 위치에 따라 제 3의 무대는 공간의 수축과 팽창, 전이가 자유롭다. 또한 격자의 궤도는 예전의 서울에 깔렸던 전차의 기억이면서 도시의 격자에 대한 은유이기도 하다. 식재 상자에는 수직으로 올라간 도시 건축물의 형태를 받아들이면서 무대 장치의 일부로서 기능할 수 있는 정형의 형태로 덩어리감이 좋은 미루나무를 심는다. 하늘을 향해 곧은 조형성을 가진 미루나무 숲은 가장 익숙한 풍경이면서 가장 이질적인 풍경을 만들어 무대라는 비일상의 시공간에 풍부한 이야기를 푼다.

5. 그리고

각질의 아스팔트를 걷어 젖히고 격자의 레일 사이에 흙을 채워 강건한 생명력의 토끼풀과 질경이를 심는다. 초록이 넘실대는 무대의 배꼽에 비천상에 대한 존경의 마음으로 곡옥의 목재데크를 깔아 배우들을 세운다. 무대와 객석이 경계 없고, 배우와 관객의 관계도 모호한 채 삶이 연극이 되고, 춤이 일상으로 스며든다. 그 일상에 바퀴 달린 의자는 고정되지 않은 자유로운 위치에서 조형물의 역할과 동시에 의자 역할을 한다. 사람들이 여기 잠시 머물렀다가 이내 빌딩의 숲으로 사라지면 나뭇잎 자글거리는 소리가 빈 무대를 채운다.

2006 1019

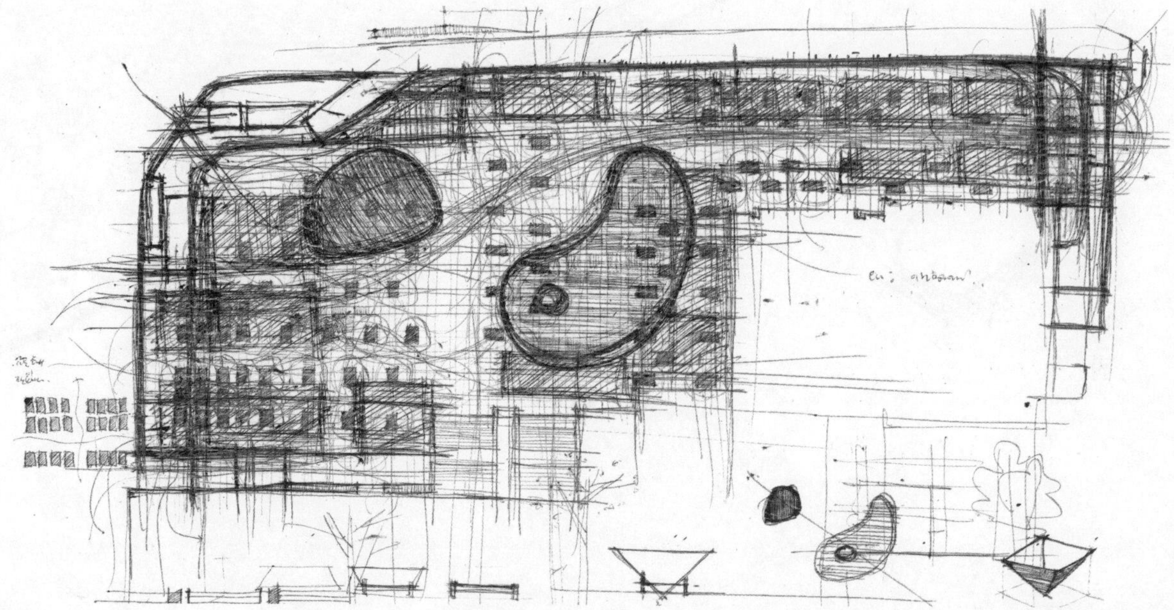

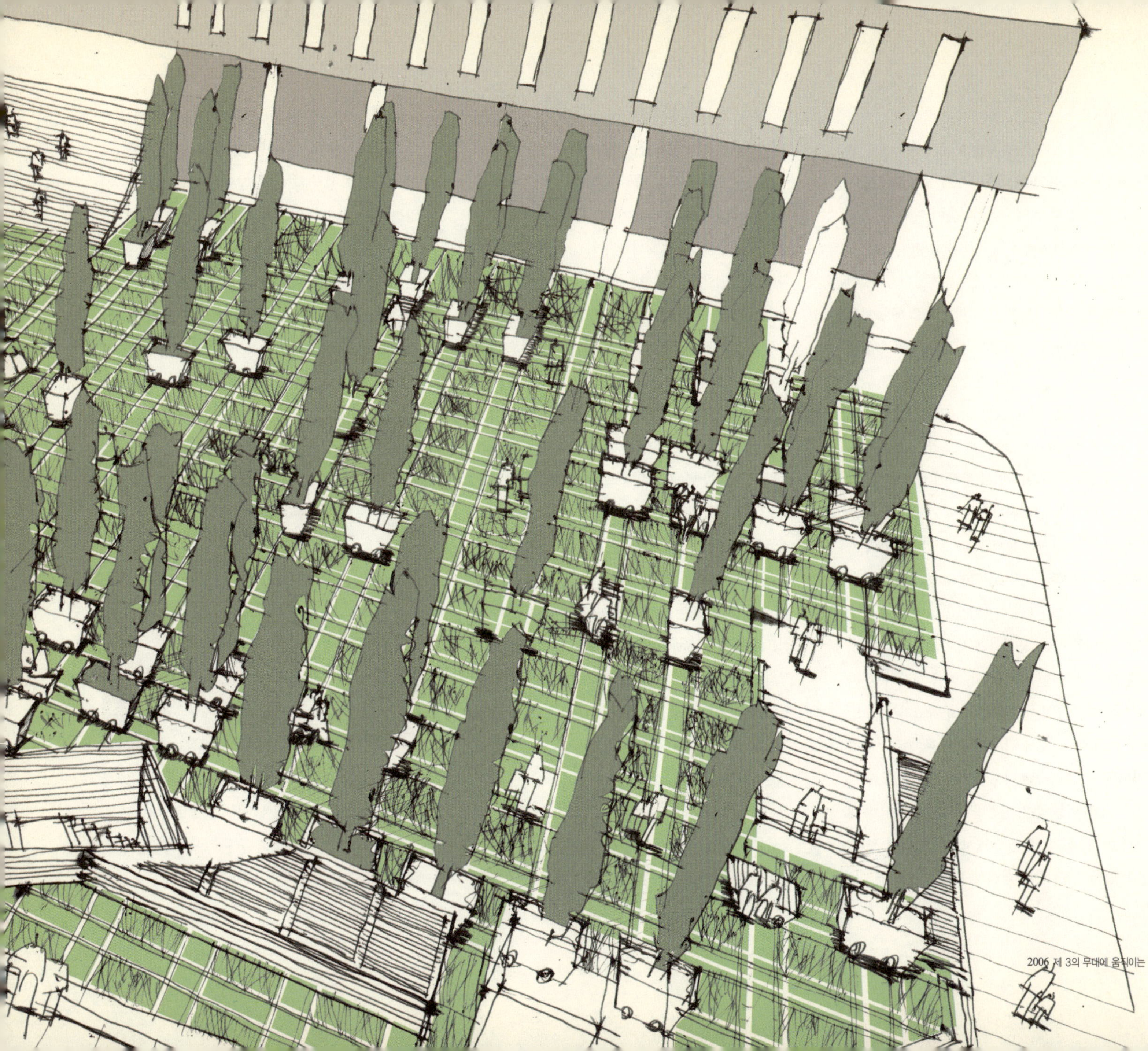

고고학적 풍경 02

_전곡선사박물관국제현상설계

2006. 04

+_장림종 교수, 연세대학교 건축 디자인연구실

63,584.76m²

초벌그림 01

등고선은 도면(그림)에서 존재할 뿐 실제로 느껴지는 것은 사면이다. 숲이라는 자연과 구석기의 인간이 만난다. 상상할 수 있나, 지금의 숲이 아니다. 고고학적 풍경, 구석기의 풍경은 미래의 풍경이 될 수 있나. 구석기 풍경의 재현이란 있을 수 없다. 그것이 어떤 풍경이었는지 알 수 없고 지금의 그것은 무의미한 경관이다. 여기서 관념과 실재 사이에 인간의 허구의식이 들어간다. 우리 관념 속의 원시를 만들어 준다(만약 우리의 관념이 잘못된 것이라면?). 기존의 숲_지형 사이에 박물관이 들어가고 그 밑으로 새로운 숲을 끼워 넣는다. 과거이면서 동시에 미래인 숲. 고고학, 과거의 것을 발굴한다는 것이 가진 의미는 무엇인가. 시간을 거슬러 올라간다. 그러면 기존의 가옥은 모두 철거되나. 인문고고학 풍경이란, 지극히 인간 중심의 풍경이 되겠다. 인간의 눈으로 바라보는 대상에 대한 시각. 풍경이란 것 자체가 그러하다. 바라본다는 것 자체가 그러하다. 역사_시간의 축 사이에 인간의 행위로서 아슐리안 주먹도끼가 있고, 박물관이 있다. 그것과 관계 맺으며 때때로 무관하게 자연이 변했다. 숲은 바로 자연이 변하는 모습 자체이며, 새로 만들 숲은 인간의 적극적인 자연에 대한 개입이 된다. 이 숲은 그래서 원시숲이기 보다, 인간의 숲이다. 그 숲이 미래의 숲이 되기를 원하는가. 이제 원시수림은 존재하지 않는다. 단지 원시수림의 관념만 남아 있을 뿐. 그렇다면 그 관념을 자연에 심는다. 적극적으로 자연에 개입한다. 그리고 모른 척 시치미를 뗀다. 그럴 수 있을까. 원시림을 가장한 인공의 숲. 발굴 행위란 무엇일까. 조경의 고고학적 접근이란 무엇일까. 원형은 건드리지 않으면서 그것이 가진 숨겨진 사실을 드러내게 하는 일. 여기서 원형은 지형이 될 수도 있고, 지금 그대로의 나무와 풀이 될 수 있고, 어쩌면 인간의 집들조차 원형이 될 수도 있다. 고고학이라는 인문의 틀과 구석기라는 역사 사실이 존재하고, 철거될 현재의 삶이 공존한다. 삼십만년에서 사만오천만년 전의 사람_옛호모 사피엔스, 전기구석기시대_플라이스토세후기. 지금은 일만년 전부터 시작된 후빙기인 홀로세. 나무를 모두 베어내고 지형만을 민둥으로 드러내면 어떨까. 붉은 흙 또는 암반이 드러난 지형. 지금의 감성으로 을씨년스러운 칠십년의 개발 풍경 또는 채석장의 모습. 인왕산은 어떤가. 흰 눈으로 덮인 킬리만자로는. 천지의 돌풍경과 낮은 야생화는. 무엇 또는 어떤 풍경을 염두에 두지 말고, 접근 방법을 따라서 자연스럽게 나아갈 것.

유물들은 땅에 숨어 있다. 마치 우물처럼. 그러나 우물의 물처럼 마실 수는 없다. 박물관에 들어가면 볼 수 있다. 그러나 주변을 둘러싼 대지는 그저 덩그런 대지, 땅일 뿐이다. 어떠한 징후도 거기에 없다. 보이는 것과 보이지 않는 것. 보이는 박물관과 보이지 않는 유물, 보이지 않는 원시인과 보이는 현대인, 사라진 문명의 징후와 과도한 문명, 선사유적지를 오는 호모 사피엔스 사피엔스. 박물관의 외부공간이란. 외부공간이 가진 상징적 관계, 과거와 현재를 매개하는 완충공간, 박물관 자체가 어떤 완충공간이지 않는가. 문명의 접경. 박물관의 외부는 박물관과

주변, 박물관과 발굴터, 역사의 사실과 사람을 매개시킨다. 매개물을 다시 매개시키는 이중 매개고리. 사람들은 여기서 시간을 거슬러 오르는 여행을 준비한다. 때로 많은 사람들이 모일 것이고, 아주 스산한

겨울을 맞이할 것이다. 길과 쉘터, 숲 속의 빛이 쏟아지는 공터와 어둠. 검은 숲과 하얀 숲. 계속 이야기가 숲으로 돌아간다.

고고학적 풍경 속에 호모에렉투스를 추억하다

한탄강의 침식과 퇴적이 만들어낸 수직의 절벽과 수평의 평원을 마주하고 가늠되지 않는 시간의 궤적을 따라 조심스럽게 파들어간 적층의 역사를 묻는다. 거기 지천의 돌을 들어 처음으로 도구를 만들었을 인간의 기쁨과 언제나 풍부한 먹거리를 주었던 넉넉한 자연 그러나 생존의 본능을 끝없이 자극했을 엄습하는 원시 자연의 음울하고 스산한 풍광이 교차한다.

박물관으로 가는 길, 시간을 거슬러 오르는 먼 길은 인류 문명의 처음을 알 수 없듯 익숙하지 않은 낯선 길이다. 그 낯선 길의 풍경을 우리는 고고학적 풍경이라 이름한다. 시간의 적층과 문명의 퇴적이 만들어낸 이 풍경은 꽃가루 화석의 흔적으로 그려보는 일 만년 이전의 원시숲이며, 증발한 물을 찾아가는 간빙기 마른 계곡의 잔해와 단색조를 띠는 관념의 숲이 만들어낸 낯선 풍광이다.

돌도끼를 든 호모 에렉투스를 만나러가는 길. 초록 숲을 배경으로 흰빛을 띠는 잎 지는 큰키나무가 심겨진 하얀 숲과 검은 빛을 띠는 늘 푸른 큰키나무가 심겨진 검은 숲 그리고 절개된 현무암의 잔해가 만든 마른 계곡을 따라 시공을 가로지르는 낯선 풍경의 길이다. 시간을 멈추고 협의의 스산한 하얀 숲을 가로지른다. 고고학의 발굴과 다름없는 전이된 시간의 궤적을 따라 마른내의 돌무덤을 바라본다. 거기 음울한 검은 숲에 늪과 나뭇잎 서걱이는 공명과 돌도끼를 만들던 인류의 성긴 둥지가 똬리를 틀고 들어서 있다. 고개를 돌리면 자신의 물성을 지우고서 하늘을 담고 있는 현생 인류가 지은 집 한 채가 계곡을 질러 놓여 있다.

호모사피엔스사피엔스 시간을 거슬러 오르다

시간의 문으로 들어가다 _ 박물관의 초입, 낮은 벽으로 둘러쳐진 둥그스름한 진입광장으로 들어서면 음각된 돌도끼가 새겨진 둥근 조형물을 만난다. 보이지 않는 시간의 문이 있는 공간이다.

시간을 멈추다 _ 주차장에 들어서서 차를 멈추고 시간의 흐름을 멈춘다.

뜬 나무 길 위를 걷다 _ 하얀 숲으로 들어간다. 시간을 거슬러 오르는 혐의嫌疑의 공간, 아직은 익숙하지 않은 거리만큼의 관계를 위해 목재데크로 이어진 길을 따라 점점 역류하는 시간 속에 놓인다.

선사先史의 돌을 만지다 _ 길을 막아서는 목책을 지나 선사의 돌이 서 있는 곳을 지난다. 차가운 돌의 감촉은 빙하기의 오랜 기억일지 모른다.

쌍코뿔소의 발자국을 만나다 _ 목책에 갇힌 쌍코뿔소의 발자국을 만난다. 멀지 않은 곳에 동굴하이에나가 지나간 흔적이 보이고 털코끼리의 울음 소리가 들리는 듯 아련하다. 벌써 많은 시간을 소급해 오르고 있다.

하얀 숲의 검은 그늘 아래 들다 _ 흰 돌이 깔려 있고, 하얀 껍질을 가진 나무 무성한 숲에도 짙은 그늘이 들고 그 아래 볕을 가리고 선다. 흰 돌이 깔린 땅 위에 연풀빛 여러해살이풀이 자라고 있다.

선사의 계곡에 서다 _ 하얀 숲을 나오면 마른 내 흐르는 계곡을 만난다. 잿빛 현무암의 해빙기 잔해. 마른 내 위로 돌무덤이 하늘을 우러르며 봉긋이 솟아 있다. 그리고 모래톱처럼 깔린 데크가 박물관으로 이어진다.

부족회의를 하다 _ 검은 숲 짙은 그늘과 대조적인 햇볕 가득한 숲 속 공터들이 나온다. 그 처음에 야외까페가 있다. 호모에렉투스 부족의 일원으로 둥그렇게 둘러 앉아 긴 여정의 일정을 확인하고 마음을 풀어 놓는다.

검은 늪을 건너다 _ 마른 내를 건너 다른 길로 들어서면 늪을 가로지른 뜬 다리 위를 지난다. 썩은 나무 등걸, 물풀과 여러해살이풀이 무성하며 숲을 감싸고 오르는 넝쿨풀이 막아선다.

공명의 울림에 갇히다 _ 시야를 가린 담이 둘러싼다. 하늘만 보이는 둥근 공간, 바람에 서걱이는 나뭇잎 소리 가득 울린다.

검은 나뭇가지 둥지 속에 휘말리다 _ 새를 보았으리라, 새가 사는 둥지를 보았으리라. 검은 숲, 하얀 알이 들어가 있는 환영을 본다. 둥지 속에 들어가 편안하게 하늘을 가린다.

움집을 세우고 돌도끼를 깎다 _ 움집의 흔적, 성긴 어둠이 익숙하다. 모루돌 위에 돌감을 놓고 몸돌을 들어 돌을 뗀다. 찍개, 주먹도끼, 가로날도끼, 슴베찌르개, 밀개, 새기게, 째개 한 벌의 도구가 만들어진다. 더 이상 하이에나가 무섭지 않다.

검은 숲으로 스며들다 _ 길은 어디에서 끝나는지 알 수 없다. 숲으로 들어가면 먹을 것을 더 얻을 수 있을까. 나는 어디까지 온 것일까.

불을 피우고 춤을 추다 _ 계곡의 위쪽으로 완만한 사면을 그리며 들풀이 펼쳐지고 그 사이에 지형을 따라서 돌의자를 놓는다. 불이 올라오고 밤이 깊어진다. 누군가 소리를 내고 모두 춤을 추기 시작한다.

암각화를 그리다 _ 쌍코뿔소 한 마리 다섯이 에워싸서 잡았다. 이제 하이에나가 남긴 것을 먹지 않아도 된다. 이 기쁨을 어떻게 남겨야 할지 모르겠지만 새기게를 들고 벽 앞에 선다.

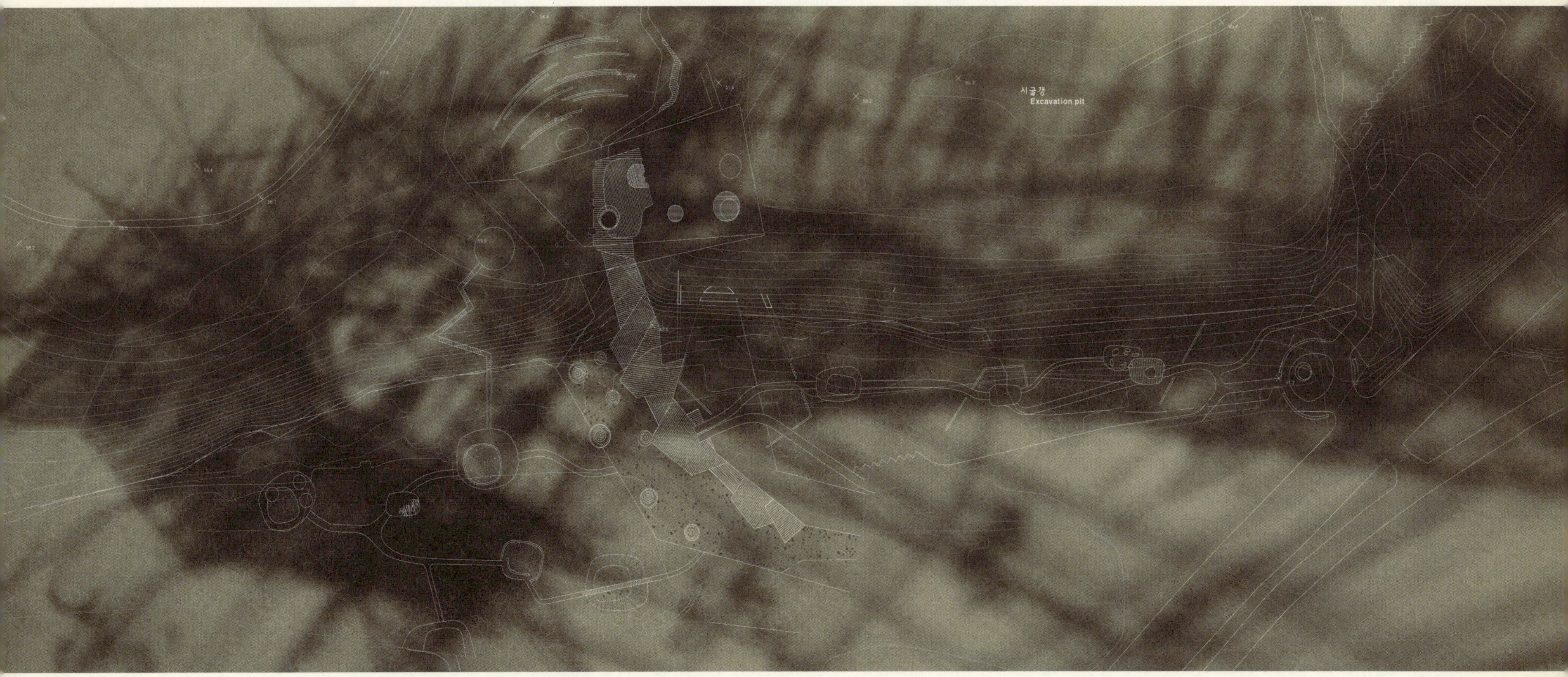
시굴갱
Excavation pit

도시격자 속으로 들어가다

_해누리타운 현상설계

2006. 01

+_명승

2,985.50m2

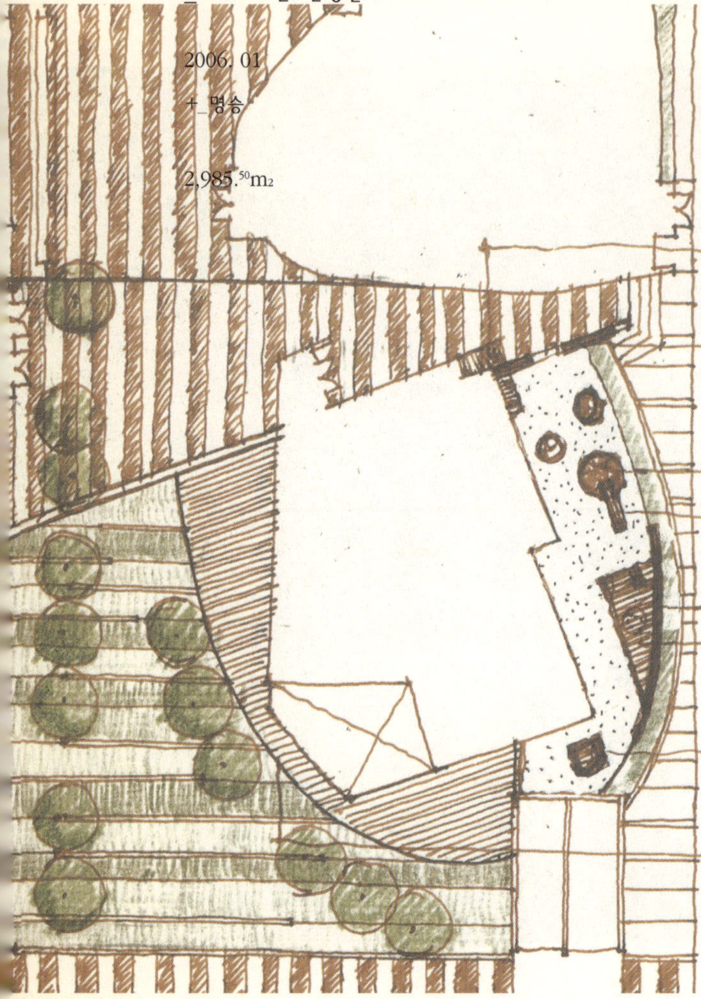

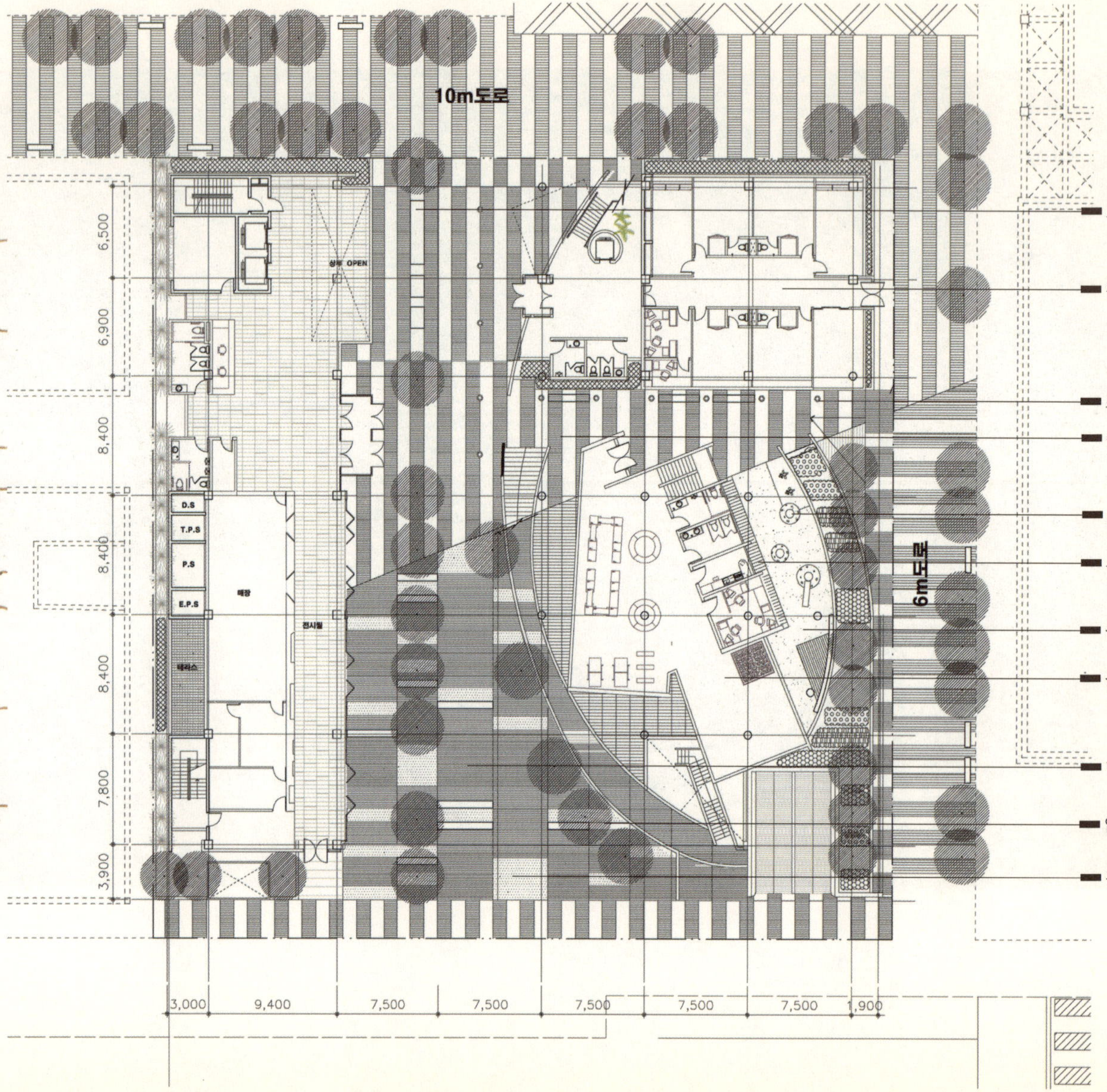

길은 광장이 되어 만난다

부지를 둘러싸고 있는 길을 부지 내부로 끌어들여 광장을 만든다. 이 광장은 건물이 가지는 복합생활문화의 다양한 기능을 담는 주민 마당이면서 주변의 외부 공간과 적극적인 소통이 가능한 공간이다. 외부 공간은 기능에 따라 세 개의 면에서 들어오는 진입과 광장 그리고 어린아이들을 위한 외부 놀이 공간으로 나뉜다. 도시와 건축의 사각 모듈이 바닥의 형태를 이루고, 긴 호의 벽과 의자가 엇갈리면서 놓인다. 의자는 가변적인 공간의 쓰임을 위한 장치다. 나무는 공간을 이어주면서 진입을 이끌고 그늘을 준다. 어린이를 위한 놀이정원은 보육센터와 붙어 있으면서 내부 놀이 공간과 연계된다.

하늘에 정원을 걸다

하늘을 향해 수직으로 올라가는 건물의 공중에 정원을 만든다. 각각의 정원은 건물 내부 시설과 연계된 기능적이면서 동시에 식물이 만드는 부드럽고 하늘거리는 풍경을 만들어 건물과 상대적인 모습의 하늘과 자연을 마주하게 된다.

2층의 작은 쉼터와 실내정원, 3층의 처마정원, 4층의 몸가꾸기 정원, 6층의 둥근 벌판 정원, 9층의 마음 가꾸기 정원과 지붕층의 하늘자작나무숲.

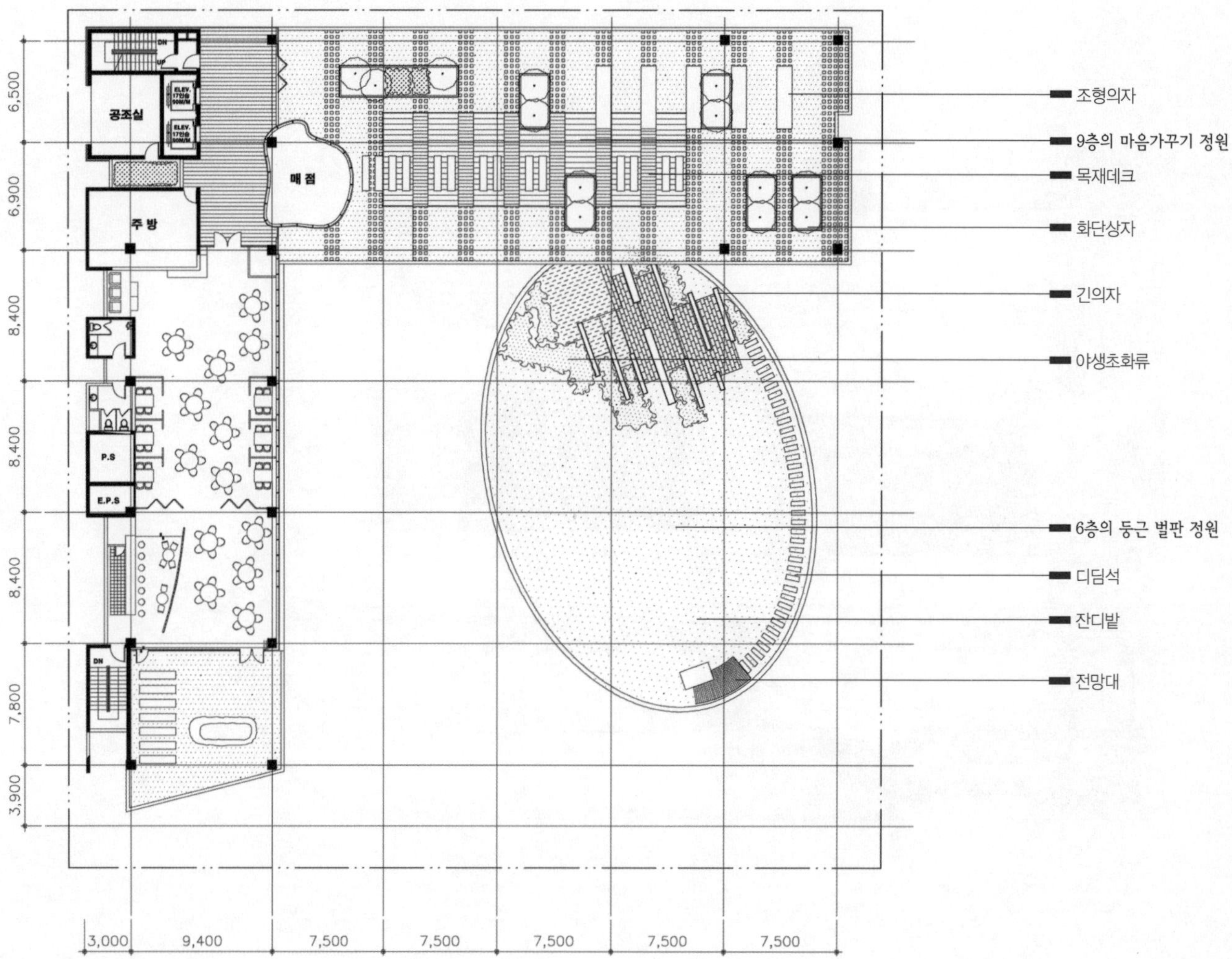

흩뿌려진 풀밭과 과수원

_중리 금호아파트

2006. 03

+_후리

26,815.⁰⁰m²

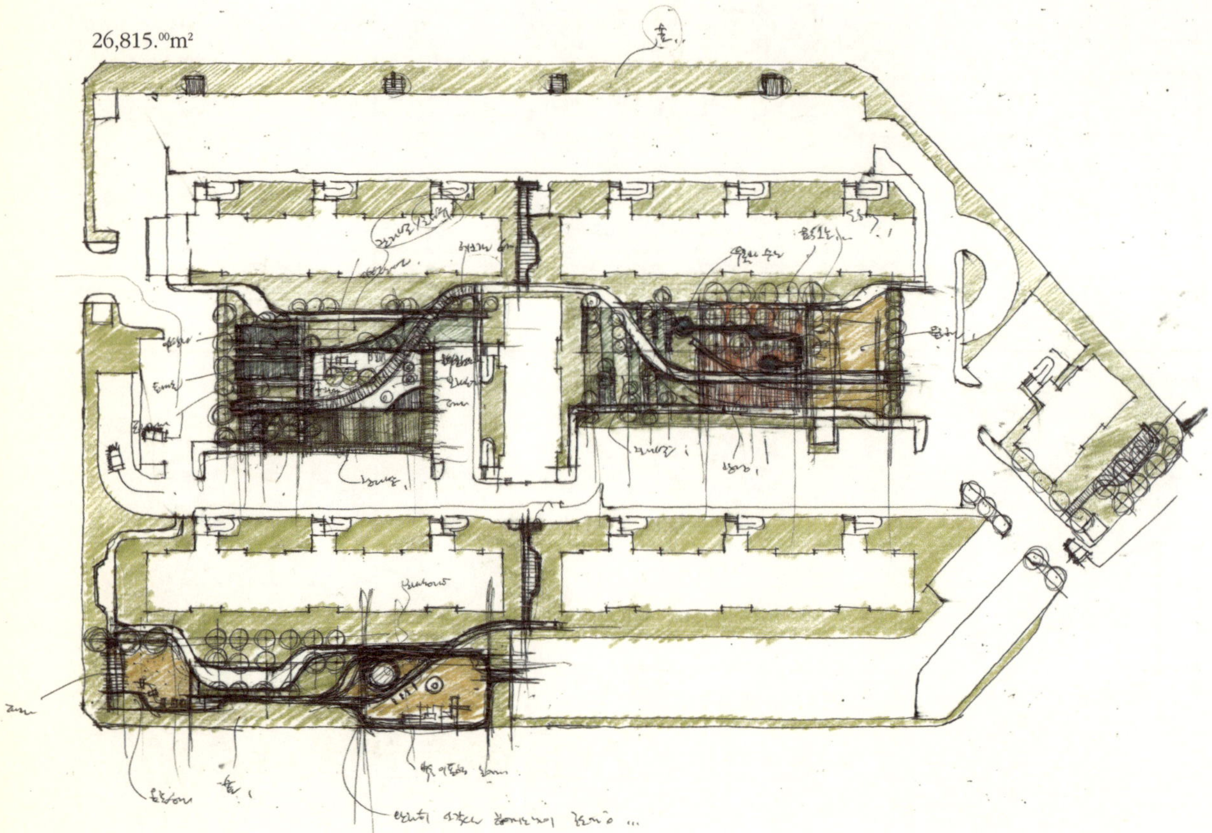

주어진 외부 공간의 형태를 받아들이면서 시선의 높이에서 그 형태를 무화시키기 위해 사각의 틀 안에서 자유로운 것들이 자라나도록 한다. 세 개의 큰 공간이 만들어지고 그 공간을 세로로 나누어 기능과 쓰임을 달리한다. 그리고 나서 나눠진 공간을 다시 한 공간으로 엮는다. 풍경이 이어진다. 공간을 관통하는 보행로, 부드럽게 꺾인 직선으로 이루어진 길은 이러한 공간을 이어주면서 길 스스로가 나무와 만나 새로운 공간을 만든다.

공간구성체계

_두 개의 진입부와 세 개의 외부 공동체 공간 그리고 보행로, 주차장과 도로로 외부공간이 구성되어 있다.

_건물과 대지의 상황에 의해 만들어진 세 개의 외부 공동체 공간은 유사하면서 서로 다른 기능을 담는다.

_산책로의 기능을 가진 보행로는 각각의 공간을 이어줄 뿐 아니라 그 자체가 변화하는 풍경을 가진 순환하는 길로서 의미를 가진다.

주요 공간

주진입부 _ 튤립나무를 열식한다.

부진입부 _ 산벚나무로 입구를 구성해 전이된 공간을 만든다.

첫 번째 공동체 공간 _ 계수나무가 있는 광장, 배드민턴장이 있는 운동공간, 긴의자가 있는 과수원으로 구성되어 있다. 단풍이 좋은 계수나무가 있는 광장은 수로와 함께 공동체 마당으로 기능을 가지며, 긴의자가 있는 과수원은 살구나무, 감나무가 심겨진 과수정원이다.

두 번째 공동체 공간 _ 야생화와 토끼풀이 있는 정원과 어린이놀이터로 구성되어 있다. 야생화가 가진 다양한 식물군과 생명력이 강한 토끼풀을 통해 익숙하면서도 낯선 풍경을 연출, 조금 덜 인위적인 외부 공간이 되도록 한다.

세 번째 공동체 공간 _ 회화나무가 심겨진 휴게공간과 단풍나무숲 그리고 어린이놀이터로 구성되어 있다. 회화나무 그늘이 만들어내는 어둡지도 밝지도 않은 적당한 느낌의 그늘 속 휴게공간과 그늘이 깊은 단풍나무숲, 밝은 어린이놀이터가 대비를 이루면서 하나의 공간이 된다. 어린이놀이터에는 조형벽을 이용한 놀이시설을 둔다.

완충녹지 _ 참나무류와 침엽수림을 통한 차폐와 두툼한 녹지를 통해 외부와 완충을 이루는 녹지를 만든다.

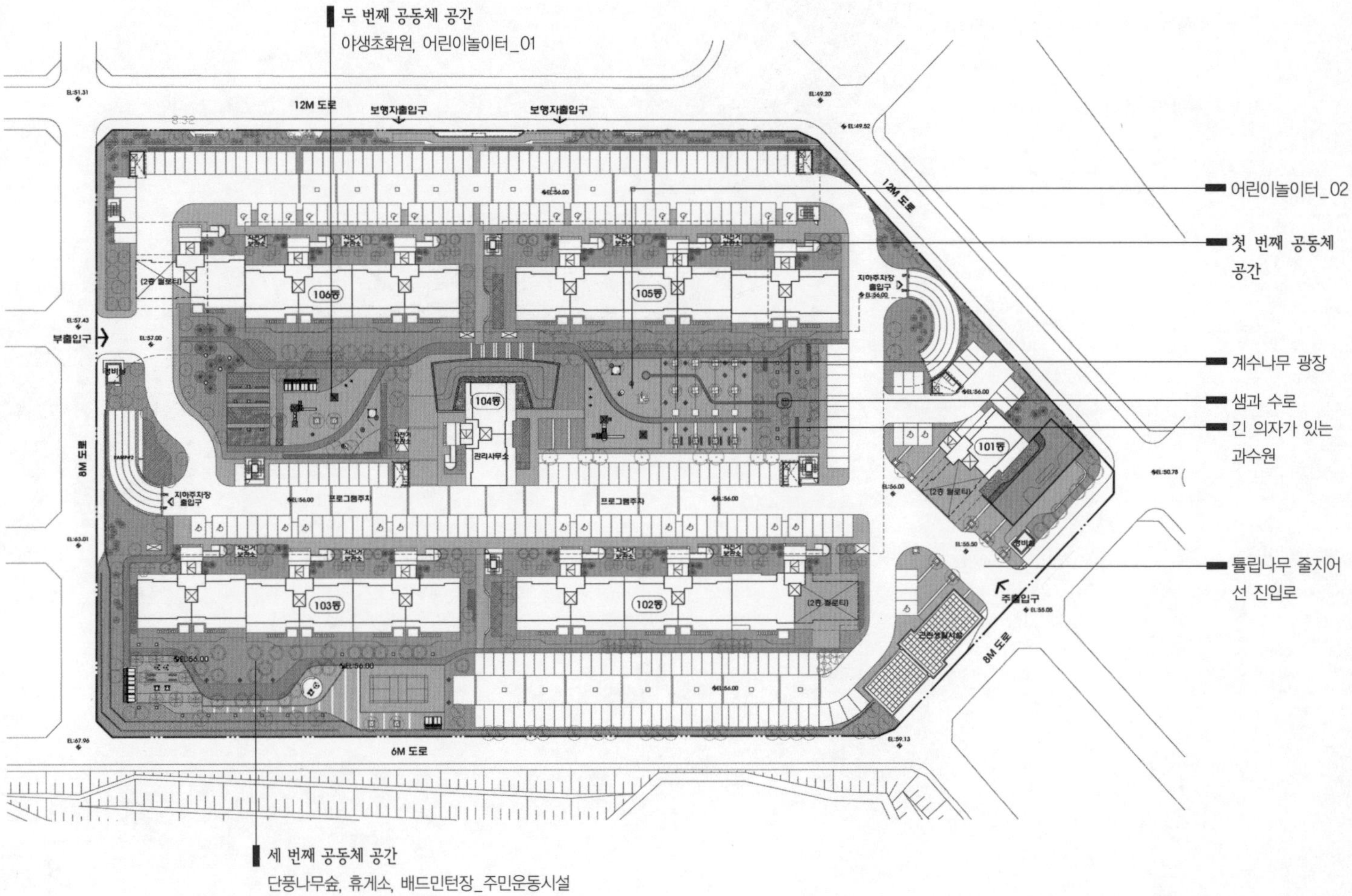

검은 돌에 흰 억새

_제주 법환리 역사마을가꾸기 기본계획

2006. 01

+_연세대학교 건축디자인 연구실, 인터커드

제주도 서귀포시 법환동-1.4km바다

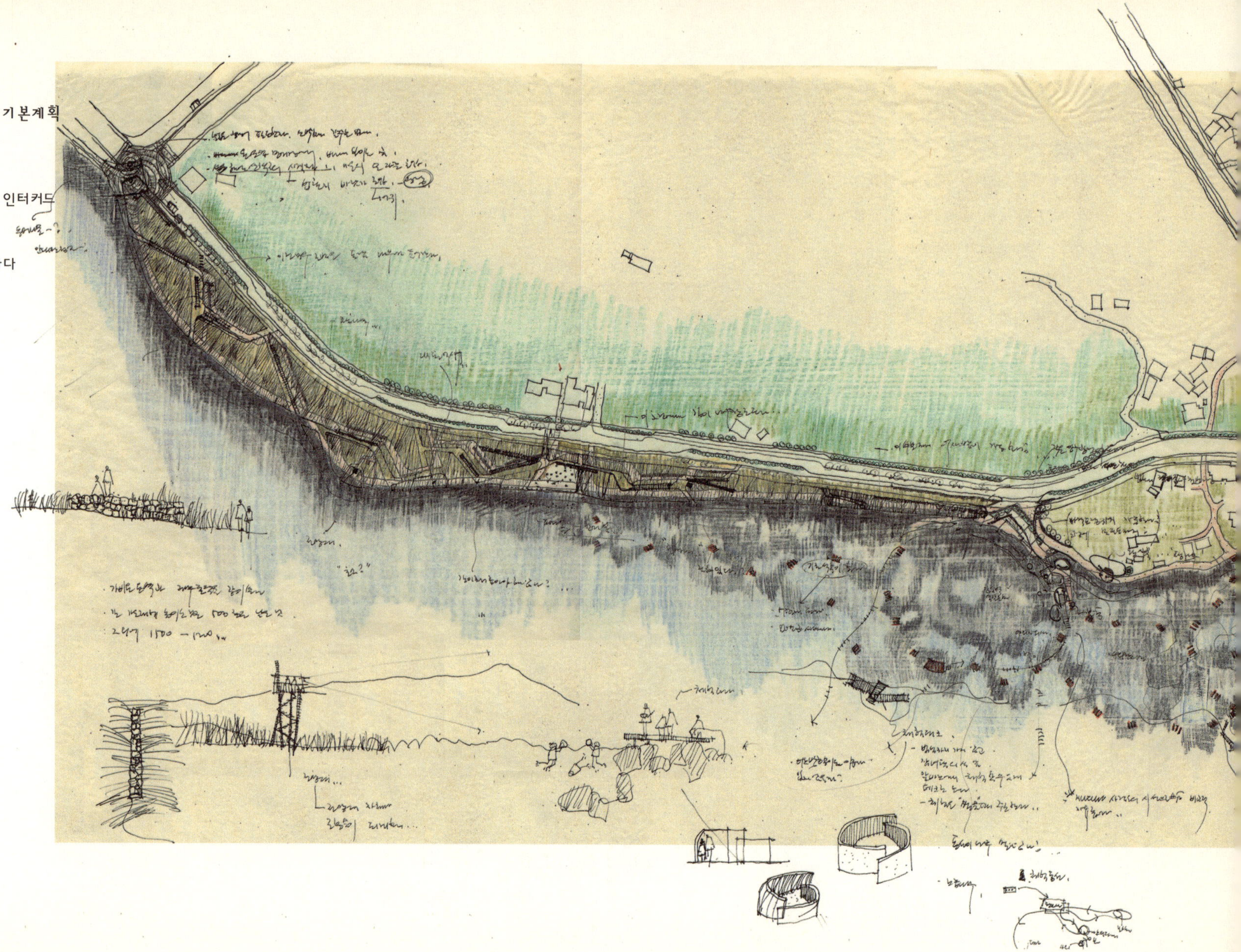

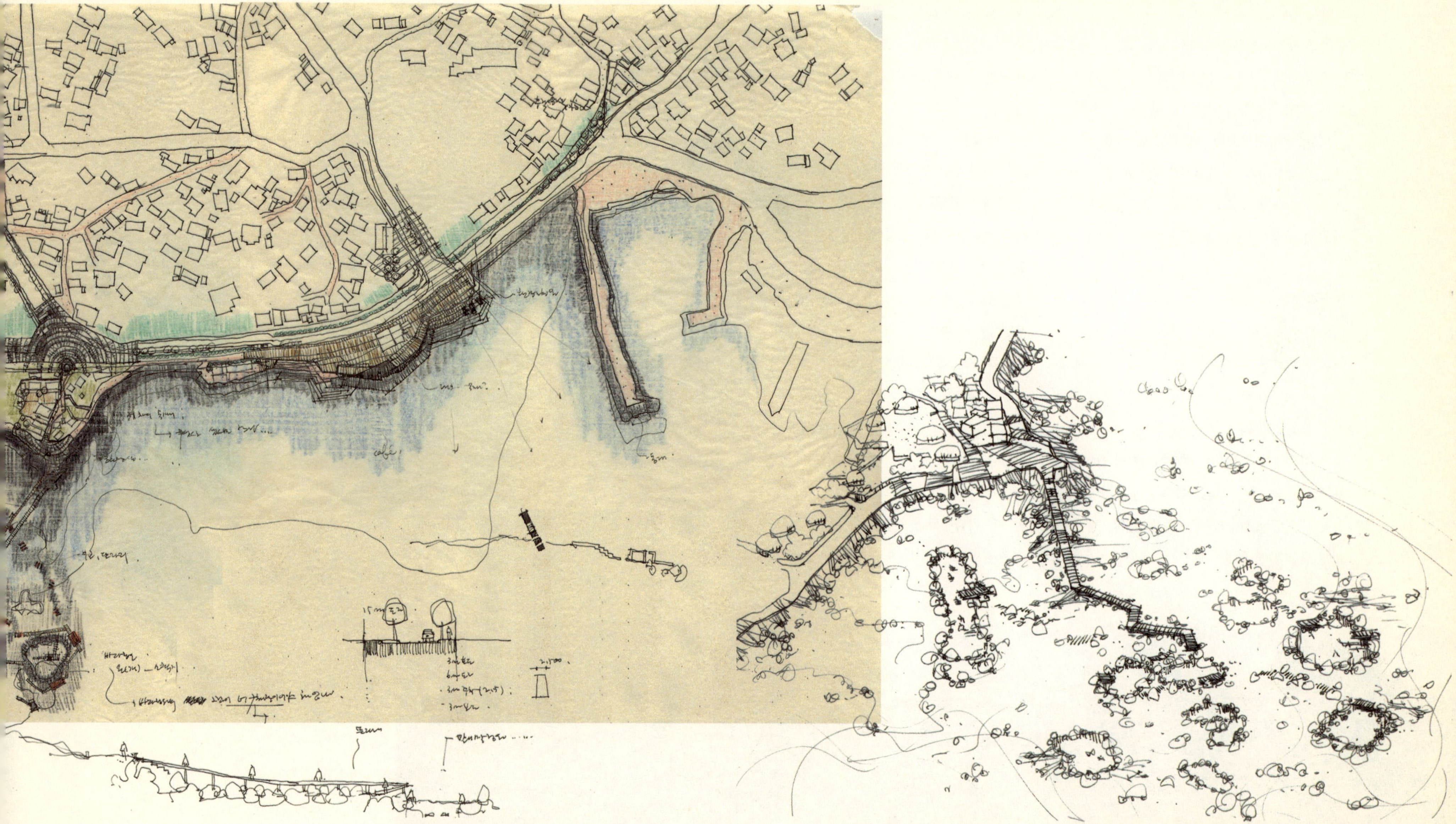

_ 막숙포구

법환동 해안시설지구의 초입으로 기존 포구시설과 이중데크 주차장, 작은 쉼터, 동카름물과 서카름물, 방파제가 있는 공간으로 나뉜다. 기존의 포구시설, 방파제를 이어주는 신설되는 주차장 상부는 평상시 주변 역사시설과 연계된 포구 광장으로서 이용된다. 작은 쉼터는 포구광장과 연결된 녹음을 형성하면서 휴게공간이다.

_ 법환광장

어촌회관을 중심으로 하는 마을 생활의 중심공간이면서 법환광장을 중심으로 한 마을 관광의 중심공간이다. 또한 예전의 잠녀탈의실 터와 잠녀상을 통한 마을의 상징 공간이기도 하다. 대수선되는 어촌회관과 바로 연결되는 바다와 잠녀상이 보이는 광장, 대수선 되는 어촌계식당, 다양한 행사를 내포하는 광장과 바다로 연결되는 계단 그리고 광장과 연결되는 데크로 둘러싸인 하수처리장의 공간으로 나뉜다. 그러나 이 각각의 공간은 단절되지 않고 하나의 공간으로 엮이면서 쓰임에 따라 가변적으로 늘어나고 줄어드는 광장이 된다.

_ 바다정원

화산 지형 위에 밀물과 썰물이 만드는 원을 이용해 바다의 신비로움을 경험할 수 있는 정원이다. 작은 바다정원 입구광장에서 부교를 통해 내려오면 깊이가 낮으면서 큰 소택지를 이용한 어린이들을 위한 물놀이터가 있다. 자연이 만든 원을 이용한 바다정원은 몇 개의 단으로만 이루어진 바닷길을 통해 연결되며, 각각의 원은 특정한 바다생물의 주제를 가진 정원이 된다. 쉬운 접근을 위해 원의 주변으로 데크를 두어 관찰을 돕는다.

_ 잠녀문화시설

잠녀의 바다생활을 체험할 수 있는 공간으로 가까운 앞바르(잠녀들이 쓰는 사투리로 '가까운 바다' 라는 뜻)에서 본향당을 포함한 유기적인 공간으로 재구성한다. 공간으로 크게 기존의 잠녀탈의실을 중심으로 입구마당과 야외남녀탈의실, 불턱(역시 사투리로, 잠녀들이 물 밖으로 나와 불을 피우는 곳을 의미)과 재정비된 본향당 주변 그리고 바다와 면한 체험데크로 나뉜다. 신설되는 해안도로와 만나는 곳에 작은 입구 마당을 두어 야외학습장으로 바로 연결될 수 있도록 하며, 기존의 바닷가쪽 옹벽을 밖으로 내밀어 잠녀탈의실 주변의 공간을 넓히고 불턱을 둔다. 경사면의 계단을 이용한 야외탈의실을 두며, 본향당 재정비 작업을 통해 당산목을 새로 심는다. 바다로 들어가는 체험자들을 위해 바다와 면한 곳에 체험데크를 새로 만든다. 이렇게 입구마당, 야외 교육장, 본향당, 야외 탈의실, 체험데크, 불턱으로 이어지는 순차적인 흐름을 가진 체험 동선을 둔다. 잠녀 탈의실과 입구마당 사이에 대나무숲을 두어 일정한 차폐가 되도록 한다.

_ 바다가 보이는 억새밭

신설되는 해안도로로 인해 개발이 제한된 지역으로 산책과 휴게, 조망이 가능한 곳이다. 중산간 지역의 억새밭을 가져와 수평의 바다, 검은 현무암과 함께 강한 대조를 이뤄 바다와 들판의 풍광을 동시에 즐기면서 600미터의 긴 산책로를 따라 자연을 음미하는 곳이 된다. 전체적인 공간은 이름벽이 있는 초입과 해안산책로, 억새밭 산책로, 파라솔이 있는 휴게공간, 작은 휴게공간이 있으며, 주요시설물로 바다와 마을을 조망할 수 있는 전망대와 기능을 달리하는 여러 유형의 돌담이 억새밭 산책로의 흐름을 즐겁게 하는 역할을 한다.

바다가 보이는 억새밭
해안산책로, 억새밭, 전망대, 서있는 돌담,
묻히는 돌담, 앉는 돌담, 올라서는 돌담
잠녀문화시설
잠녀탈의실, 체험데크,
불턱, 야외탈의장, 본향당
법환광장
바다를 조망하는 광장, 식당-까페,
다양한 행사를 내포하는 너른 광장
막숙포구
포구광장, 이름벽,
동카름물, 서카름물
전통복원마을
삼거리광장, 기존옥개기, 신설옥개기, 마을광장, 채마밭
바다정원
입구광장, 물놀이터, 부교, 바다산책길, 원-주제정원

보스케Bosquet-포물선을 그리다

_중동고등학교 교문 새롭게 만들기 프로젝트

2006. 02

+_중동고등학교 백주년기념사업회
 이상준 교수, 신길수 부사장, 유영우 교수

1,516.^{30}m^{2}

하나의 긴 과정을 이루는 입구. 문은 몸의 움직임과 시각의 전이 그리고 궁극적으로 마음의 전이가 이루어질 수 있는 과정의 공간이 아닌가. 문은 단지 물리적인 하나의 면으로 이루어지지만 그 문을 포함하는 어떤 공간이 함께 만들어져야 한다는 생각을 했다. 그래서 스물다섯 주의 은행나무가 만드는 높이 10미터에 폭 20미터, 깊이 60미터의 공간이 문이 되었다.

외부를 향해 열려 있음과 동시에 학교를 부드럽게 감싸 안는 형상을 가진 커다란 호를 그려서 교문의 선형을 잡는다. 선으로 시작된 이 면은 수직으로 서는 것이 아니라 15도의 기울기를 가면서 비스듬히 막아선다. 평면의 틀어진 호가 이중의 적용을 통해 비대칭의 입면을 이루면서 차량진입과 보행자가 들어가는 부분을 오려냈다. 그리고 7미터 간격으로 잎지는 큰키나무–은행나무를 심어 격자숲bosquet을 만들었다.

2005

이천년 여름부터, 한국정원톺아보기로 이야기하면 천구백구십구년 겨울부터 시작한 이 웹에서의 이야기가 벌써 여섯 해를 맞이한다. 게으름의 긴 병이 재작년부터였으니 그 사이에 사이트는 그저 명맥만을

유지하고 있다. 게으름의 병도 병이거니와 솔직히 이즘은 별로 할 얘기가 없다. 떠벌였던 그 많은 것들이 어느 것 하나 변하지 않고 단단한 각질의 더께만을 더할 뿐. 늘 하던 나선의 순환 고리를 따라 성장한다는 이야기도 어찌보면 허구일지 모른다는 생각을 한다. 거기에는 말을 좀 줄여야겠다는 오랜 열망 또한 숨어 있으며 그것은 말을 입지 못한 생각과 실천하지 않는 행동 사이의 간극은 허깨비라는 생각에서 연유된 것이기도 하다. 살아가기도 벅찬 어떤 것들. 재래시장에 좌판을 벌려놓은 아주머니들만큼이라도 했으면 다행이었으련만.

속초 동명항의 방파제, 찬 바람 맞으며 하릴 없이 떠오르는 어린 시절의 쓸쓸함 따위는 또 어떤지. 연기설에 휩싸여 세상의 인과관계를 이야기하던 친구가 어느새 편안히 마음 자락을 내려놓고 살아가는 것을 보면 어떤 설 따위 접어두고 편안히 마음밭을 가꾸는 일이야 말로 그 무엇보다 중요한 것임을 여적지 마음이 아니라 머리로 생각하니 이 무슨 될 일일까 싶다.

꼬맹이들을 따라가서 봤던 하울의 움직이는 성, 소피, 여자주인공. 운명이었겠지. 그러나 그러하다. 운명도 그 단초만 있지 실은 스스로가 뚜걱뚜걱 걸어가서 손을 내밀지 않으면 안된다는 것을 일깨워주는 모험담fantasia. 연기설의 운명과 의지가 만나는 자리에 판타지가 자리하고 삶이 그러하다고 말하는 변하지 않는 동화 또는 낯선 자각 따위.

2005 0111

사무실 창밖으로 보이는 봄 용버들과 은행나무 새잎, 2005 봄

말은 그러하겠지. 사람 또한 그러하겠지. 내가 처음 설계수업을 받았던 것이 이십년 전이었으니 이 수업은 오히려 스스로에 대한 물음과 답이었을까. 처음 설계는 몸과 마음이 동시에, 머리와 가슴이 함께 움직여야 한다고 말했었다. 그러나 굳이 설계만 그러할까. 사는 것이 그렇지 않던가. 마음만 있어서 되는 것도 아니고, 몸만 앞선다고 무얼 할 수 있는 것도 아닌, 몸과 마음이 동시에 움직이고, 머리와 가슴이, 논리와 감성이 동시에 작용해야 설계가 가능한 일이라는 것은 단지 말하기 좋아서 하는 것은 아니다. 그래서 설계는 철저하게 이 파편화된 삶의 부조화 속에서 외려 어린 시설의 온전함으로 가는 일인지 모르겠다. 돌아갈 수 없는 시간의 간극을 넘어서려는 부단함. 그러나 그 자리는 언젠가 이야기했던 나선의 궤적 속에서 같으나 다른 위치에 있음을, 시간이 흐르고 그대들이 알게 되지 않겠나.

그럼에도 일로서 설계는 우리가 꿈꾸는 이상적인 그 어떤 것과 일정하게 거리를 두고 있고, 그 거리의 간극만큼 몸부림이 격해진다. 학교에서 배우는 앎의 한 부스러기가 정작 설계 일에 무슨 소용이 있을까. 그럼에도 더 많은 앎의 단초를 위해 수업이 있고, 깨달음은 또 시간이 걸리는 일이겠다. 거리를 걷는 것도, 텔레비전의 드라마를 보는 것도 설계와 멀지 않고, 보이는 것에서 들리는 것까지, 만져지는 것에서 느껴지는 것 모두 경관이고 풍경이라면 우리의 감각이 열려 있는 만큼, 세상에 대한 꾸준한 독해만이 스스로의 설계를 이끄는 힘이 되리라. 힘써 보고, 애써 읽어 구상하기와 만들기, 그리기와 쓰기를 게을리 하지 말길. 모두 수고했다. 내일 보자.

2005 0608

서어나무숲을 꿈꾸다

_서울산업대 테크노파크 일괄입찰

2005. 10

+_원양, 지에스

2,709.59m²

서어나무는 산림 생태계에서 아주 중요한 자리를 차지하는데 바로 극상림을 구성하고 있는 나무로 알려져 있기 때문이다. …… 참나무도 극상림을 이루는 나무에 든다는 이들도 있으나 여기에는 반론이 아주 많이 제기되고 있어 아직까지는 서어나무만 명실상부한 극상림의 자리를 지키고 있다. 서어나무가 주는 또 하나의 의미는 우리나라가 세계 분포의 중심에 든다는 점이다. …… 서어나무의 학명은 카피너스 락시훌로라Carpinus laxiflora인데 여기서 속명 Carpinus는 켈트어로 나무라는 뜻의 카Car와 머리라는 뜻의 핀pin의 합성어로 나무의 우두머리가 되니 왠지 예사롭지 않게 느껴진다. …… 이른 봄 서어나무의 새순은 연두빛이 아니라 아주 진한 붉은 빛이다. 멀리서 바라보면 색다른 봄꽃같다. 핏빛처럼 빨갛던 새순이 어느 샌가 잎새의 형태를 갖추어 가면서 아주 고운 연두빛이 되어 온 사방에 퍼진다. 이 서어나무가 주는 신록의 싱그러움을 따라갈 만한 나무는 그리 많지 않을 듯싶다. 제대로 벌어진 잎새는 긴 타원형이며 열에서 열두쌍 정도의 가지런한 입맥을 가진다. …… 서어나무의 수피는 회색에 검은빛 얼룩이 섞이고 마치 육체미를 자랑하는 보디빌더의 팔뚝 근육처럼 울퉁불퉁 튀어나와 힘이 넘친다.

– 이유미, 우리가 정말 알아야 할 우리나무 백가지, 현암사, 1995, 280-282쪽 중에서

50미터에 50미터, 거의 정사각형의 땅이었고, 건축의 요구사항이 들어가면 외부 공간이라고 할 만한 공간은 나오지 않는 땅이었다. 더욱이 지하구조물이 부지 전체를 쓸 수밖에 없는 상황이었다. 거기에 가당찮고 숲을 꿈꾸었다. 기존의 참나무 수림대가 있음에도 극상림의 서어나무 숲이 들어갔으면 하는 열망을 가졌다. 기술 발전의 끝이야 없겠지만 기술의 정점을 산림 생태계 천이의 극상림이 풀어낼 수 있으리라는 생각과 서어나무 숲이 주는 희끗한 낯설음 그 내밀한 기괴스러움이 기술진보의 어두운 이면을 보여줄 수는 없을까. 제주도 어승생악을 오르면서 보았던 서어나무 숲의 느낌처럼 말이다. 그러나 계획안에서 숲은 숲이라 할 수 없을 정도로 빈약했고, 그것도 제안사항으로만 얘기됐다. 더욱이 이 프로젝트는 흔적도 없이 바뀐 채 멈췄다.

제주도 어승생악의 서어나무숲, 2006 봄

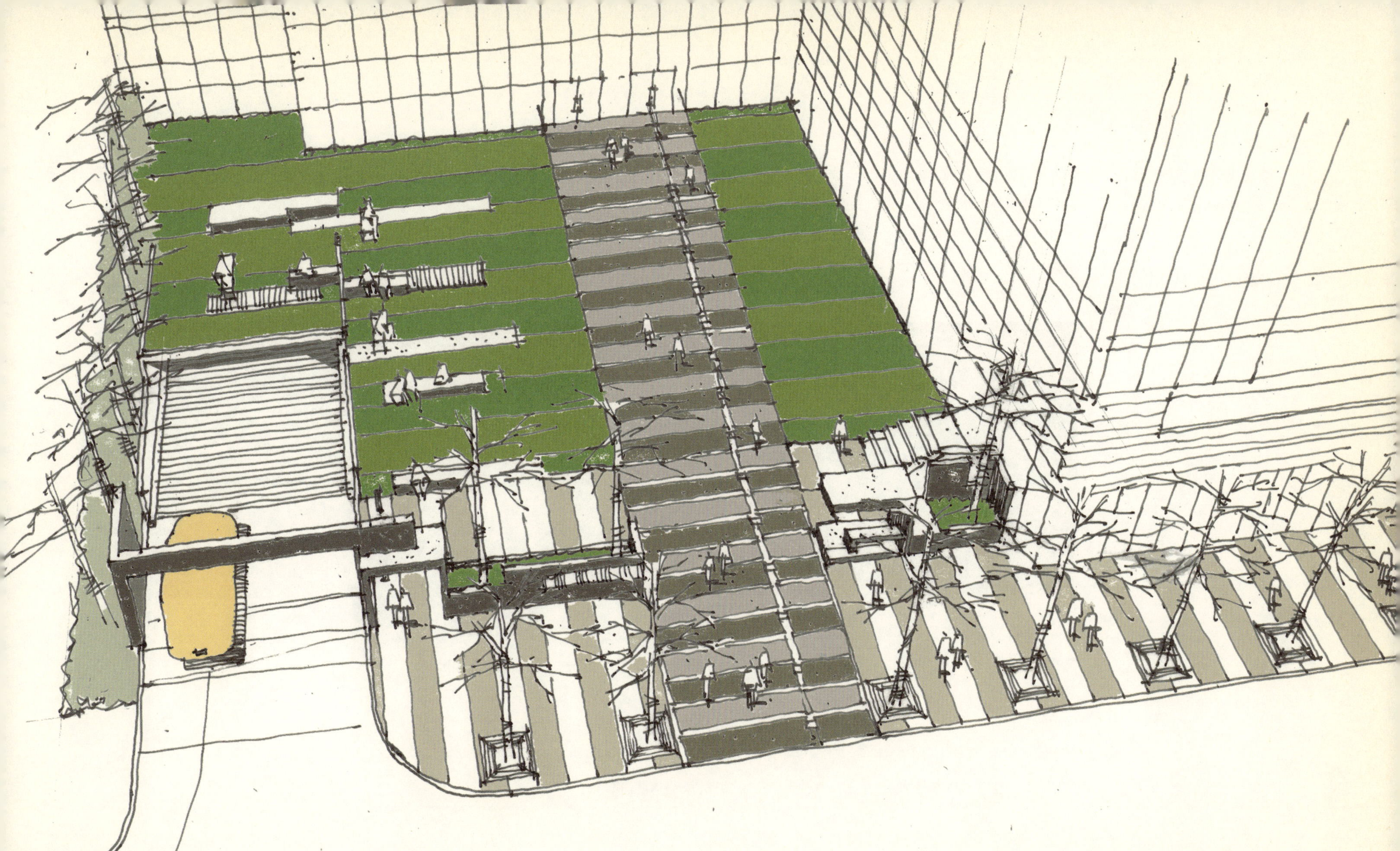

고고학적 풍경 01
_강화역사박물관 설계경기

2005. 08

+_공간

15,449.^{00}m^2

하늘을 향해 올리던 제의의 수직적 풍광을 가진 마니산과 서해를 향해 펼쳐진 수평적 풍광을 동시에 가진 강화에서 말 되어지는 역사 이전의 인간은 중력을 거역하는 무거운 돌을 들어 자신의 풍광을 그려냈다. 자연과 인간의 삶이 직교하는 자리에 서 있는 고인돌과 함께 우리는 다시 그 역사를 거슬러 반추하고 동시에 미래로 나가는 새로운 풍광을 만들려 한다.

이 새로운 풍경, 역사의 적층과 시간의 고즈넉함이 배어있는 그 풍경을 인문고고학적 풍경이라 하자.

현재의 대지와 자연을 존중하면서 그 위에 새로운 세기의 질서를 놓는다. 이 질서 속에서 건물이 놓이고, 낱낱의 존재가 서로 엮인다. 또 이것은 대지를 아우르는 상징적 축이면서 동시에 기능적인 길이 되거나 땅 위에 쓴 구상적 질서로 드러난다. 여기서 과거와 현재를 잇고, 공간과 공간을 잇는 기능이 내재된, 사람의 질서로서 직교하는 선형과 그 속에 가장 자연스러운 풀과 흙을 통한 원형질의 공존, 유리와 물을 통한 역사의 투영과 인간 자신의 투영이 내재된 풍광이 만들어진다. 거기에 시간은 무시로 흘러가며 인간의 삶도 덧없다.

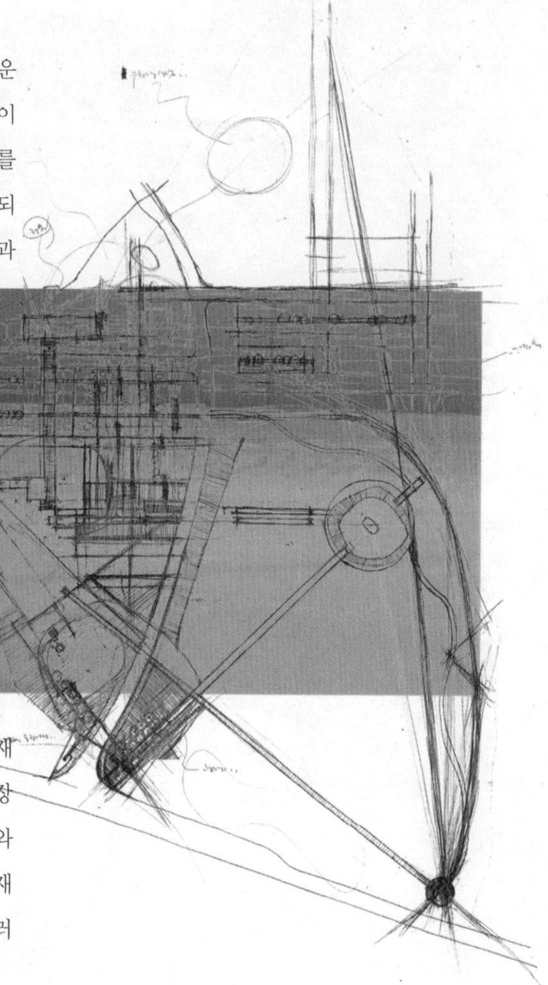

48번 국도를 따라 박물관이 바라보이는 시각의 시작점에서 두 개의 길을 놓는다. 박물관과 고인돌공원을 아우르는 진입광장의 초입에 가공되지 않은 선돌을 놓아 거석문화와 입구를 동시에 상징케하며, 수목의 비스타를 따라 길게 놓여진 길은 지석묘로 우리를 이끈다. 한편으로 광장의 너른 면을 따라 자연스럽게 경사가 지는 진입광장을 가로지르면 박물관으로 빨려 들어가게 된다. 그 앞에 유적의 발굴형태를 가진 원만하고 부드러운 원형의 광장을 놓는다. 지면에서 한 단 정도 내려앉은 광장은 앉거나, 놀거나, 모일 수 있는 곳이면서 비라도 내리면 물이 고였다가 천천히 사라지는 마른 못이기도 하다. 지형의 자연스러운 흐름을 따라 건물의 중앙으로 들어가면 무심하게 심겨진 중정의 나무와 연못을 만난다. 유적 발굴터에서 나온 주춧돌 같은 느낌의 돌이 깔려 있는 낮은 연못은 박물관을 비추는 영지影池다. 주차장에서 박물관으로 들어오는 영지를 가로지르는 부교를 통한 진입은 또 다른 차원의 진입이다. 그 길의 끝에 야외공연장이 반듯하게 들어가 있다. 박물관과 지석묘의 사이에 시간의 풀밭이 있다. 완만하게 내려가는 대지를 잘게 가르는 선형의 식재선은 시간에 따라 서로 다른 풍경을 만들어내는 자연의 역동적 풍경밭이면서 동시에 인간이 땅 위에 그린 삶의 밭이기도 하다. 거기 야외전시와 기댐벽의 역할을 하는 조형벽을 놓는다. 시간의 풀밭에서 지형을 흐트러뜨리지 않기 위해 만들어진 역사의 길-지하통로를 따라 고인돌의 극적인 모습을 보게 된다. 마니산에서 내려오는 긴 축은 시간의 풀밭을 가로질러 멀리 소나무숲에 가 닿는다.

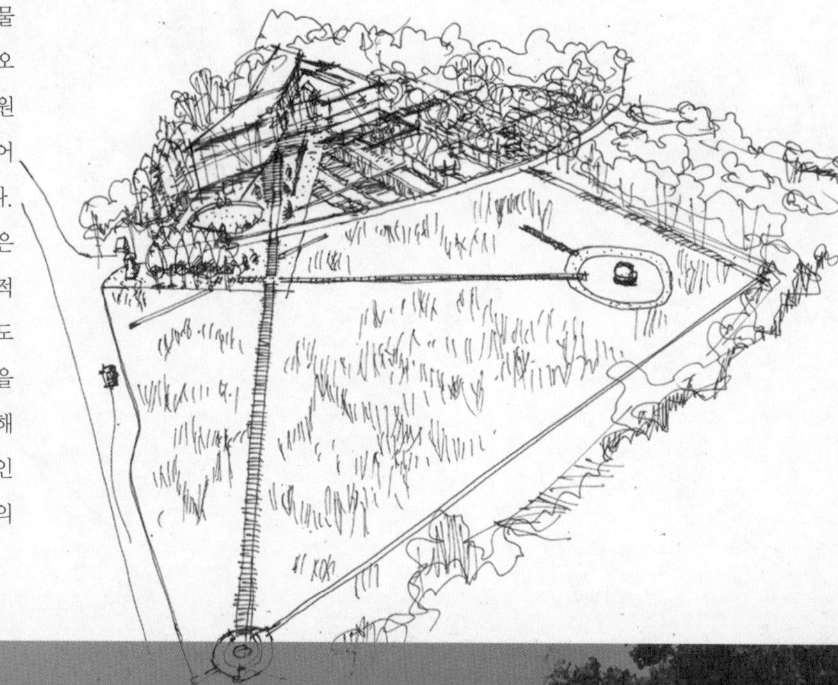

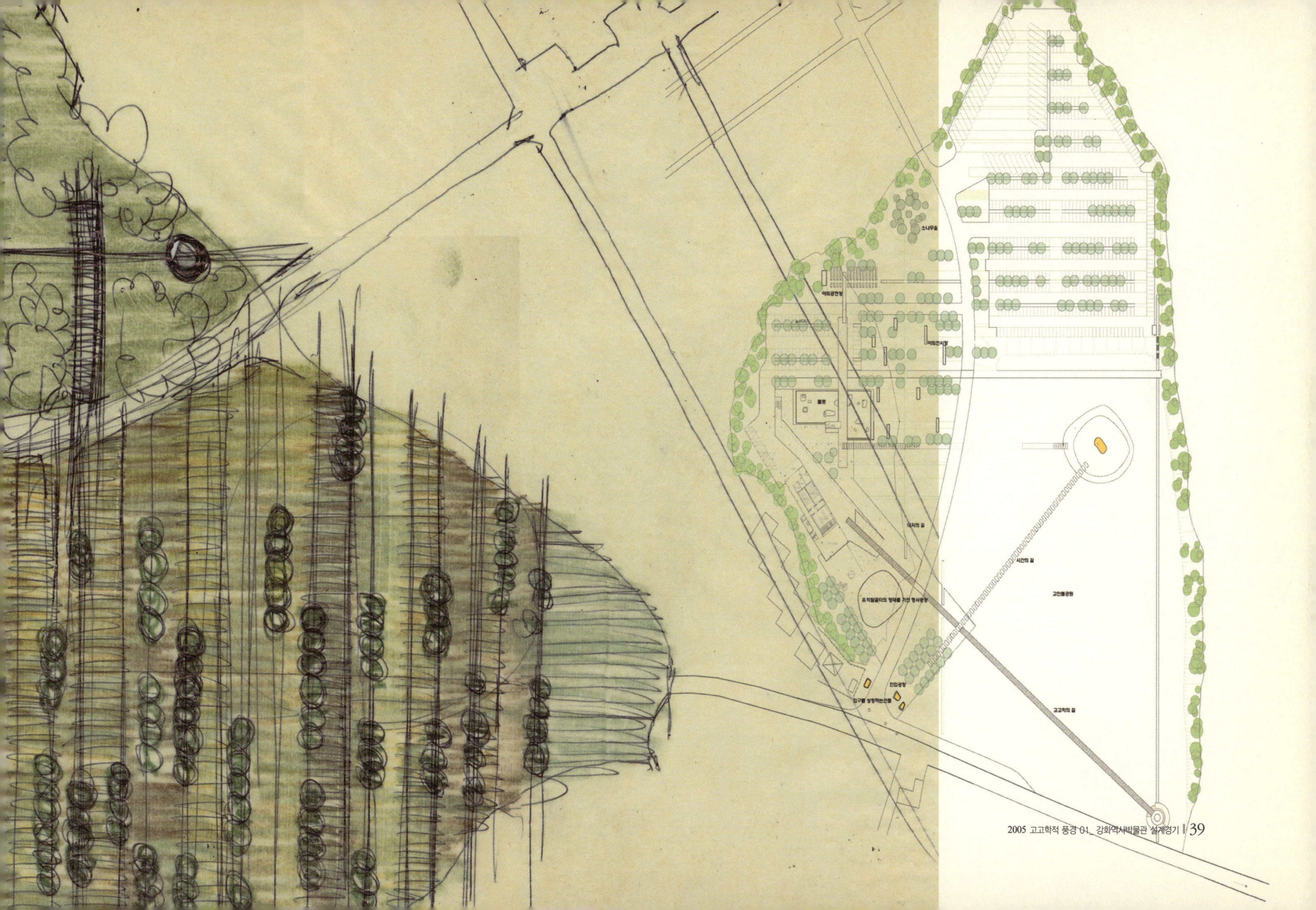
소나무숲
야외공연장
야외전시장
대지의 길
시간의 길
고인돌공원
유적발굴터의 형태를 가진 행사광장
진입광장
입구를 상징하는선돌
고고학의 길

보이는·보이지 않는 축 따위

_파주 운정지구 설계경기

2005. 06

+_건원

9,407,766.00m²

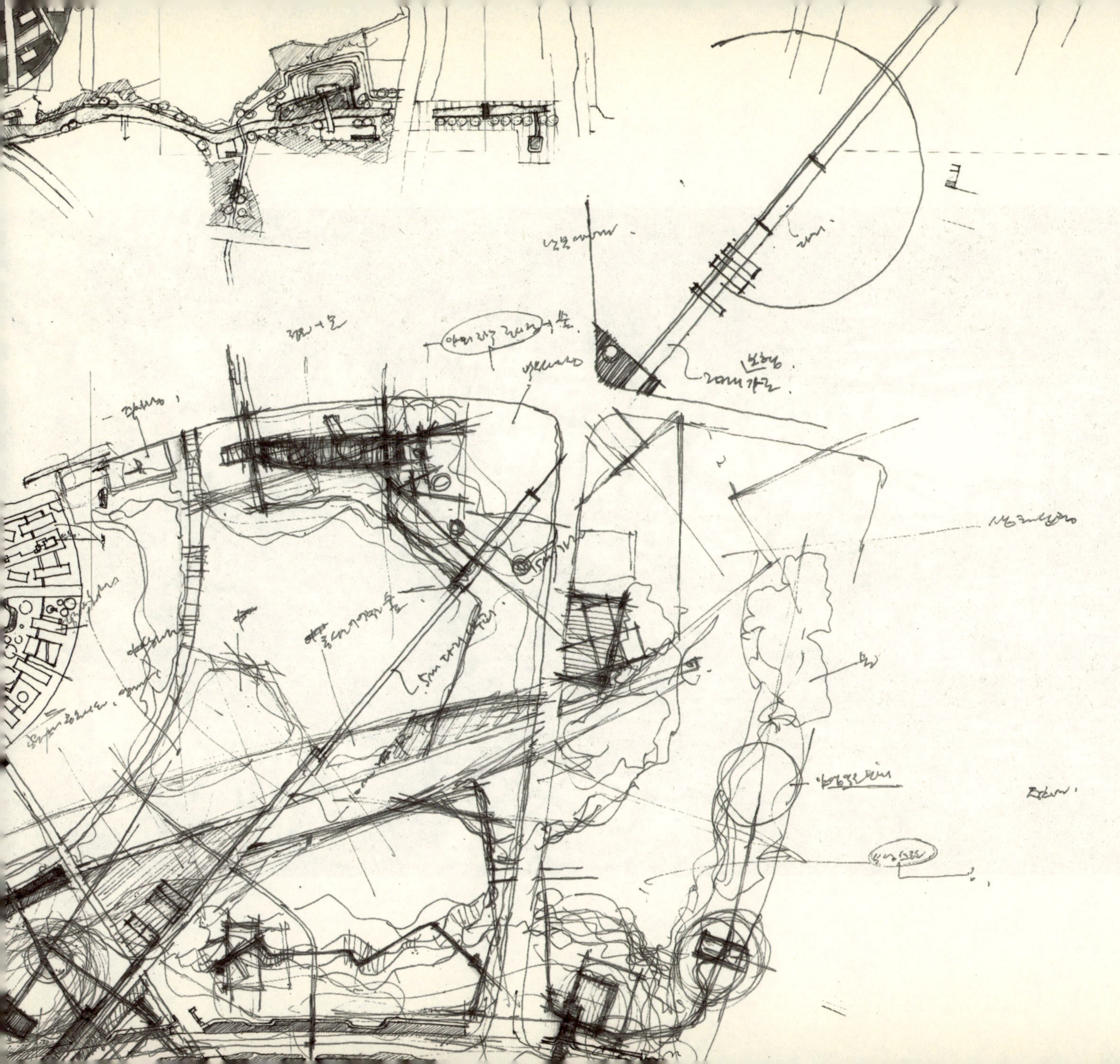

바람의 형상

_카타르 도하 호텔 지명현상

2005. 02

+_공간

60,399.^{40}m^2

너비를 넓히고 깊이를 주다

_국민대학교 국제관-법학관

2005. 03

+_국민대학교

3,984.55m²

너비를 넓히다

기존의 보도, 차도, 녹지로 구분되어 있는 공간을 단일하게 만들어 길이면서 광장이고, 광장이면서 휴게공간으로 계획한다. 이러한 외부공간의 다양한 쓰임을 위한 너비를 확보하기 위해 경계를 없애고, 같은 높이로 정리한다. 불필요한 주차공간을 없애고 장애인을 위한 최소한의 주차장을 남겨두어 휴게공간으로 하며, 기존 녹지의 수목을 정리하면서 녹지도 이용할 수 있는 공간으로 바꾼다.

깊이를 가지다

면으로 인식되는 현재의 가로에 깊이감을 줌으로써 남북방향의 기능축과 시선축을 이어준다. 일정한 영역—차도, 보도, 녹지—으로 나뉘어진 공간을 이어줘 하나의 공간으로 인식하도록 하며, 수목과 바닥포장, 외부시설물을 이용해 시선을 열어줌으로써 남북방향의 깊이를 확보한다.

공간의 성격을 가지다 _ 세 곳의 중심공간과 휴게공간

1. 북악관-국제관-지하주차장/운동장-종합복지관을 연결하는 통과동선으로서 결절점이 되는 여울목과 같은 공간
2. 국제관 중앙 야외계단과 로얄박스를 연결하는 시각축을 가진 가로의 중심공간
3. 콘서트홀의 야외로비이면서 예술관, 극장을 연결하는 매개공간
4. 휴게공간 _ 동서로 통과 동선의 기능만을 가진 길을 학생들이 머무르고, 쉴 수 있는 적극적인 휴게공간으로 만들어주기 위해 국제관 앞쪽, 녹지, 콘서트홀 기단, 예술관 앞쪽의 광장을 휴게공간으로 조성한다.

공간계획

진입부 _ 소나무가 심겨진 기존의 녹지를 없애고, 작은 광장으로 만들어 흐름을 원활히 하고, 시선을 틔워준다.

야외까페terrasse _ 식재상자를 없애고 머무름이 가능한 계단과 긴의자를 이용해 휴게공간으로 만들어 건물 내부의 북악원과 연계시킨다.

초록양탄자green carpet _ 기존 녹지의 메타세콰이어만 남겨두고 나머지 교목과 관목은 이식을 하며, 하부 전체에 잔디를 깐다. 중간 중간 긴의자를 두어 휴게의 역할과 남북을 이어주는 시선의 조형물 역할도 한다.

콘서트마당 _ 콘서트홀 입구의 기단을 무대의 형상을 빌어 목재데크로 만든다. 전면의 녹지를 없애고 광장으로 계획해 가변적 이용이 가능하도록 한다.

조각광장 _ 기존의 수목과 어우러진 조각을 두어 예술관과 연계시키고, 긴의자를 일정 간격으로 두어 휴게공간으로 만든다.

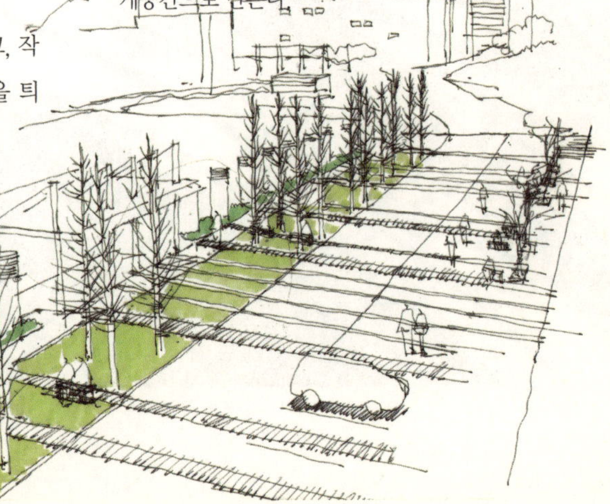

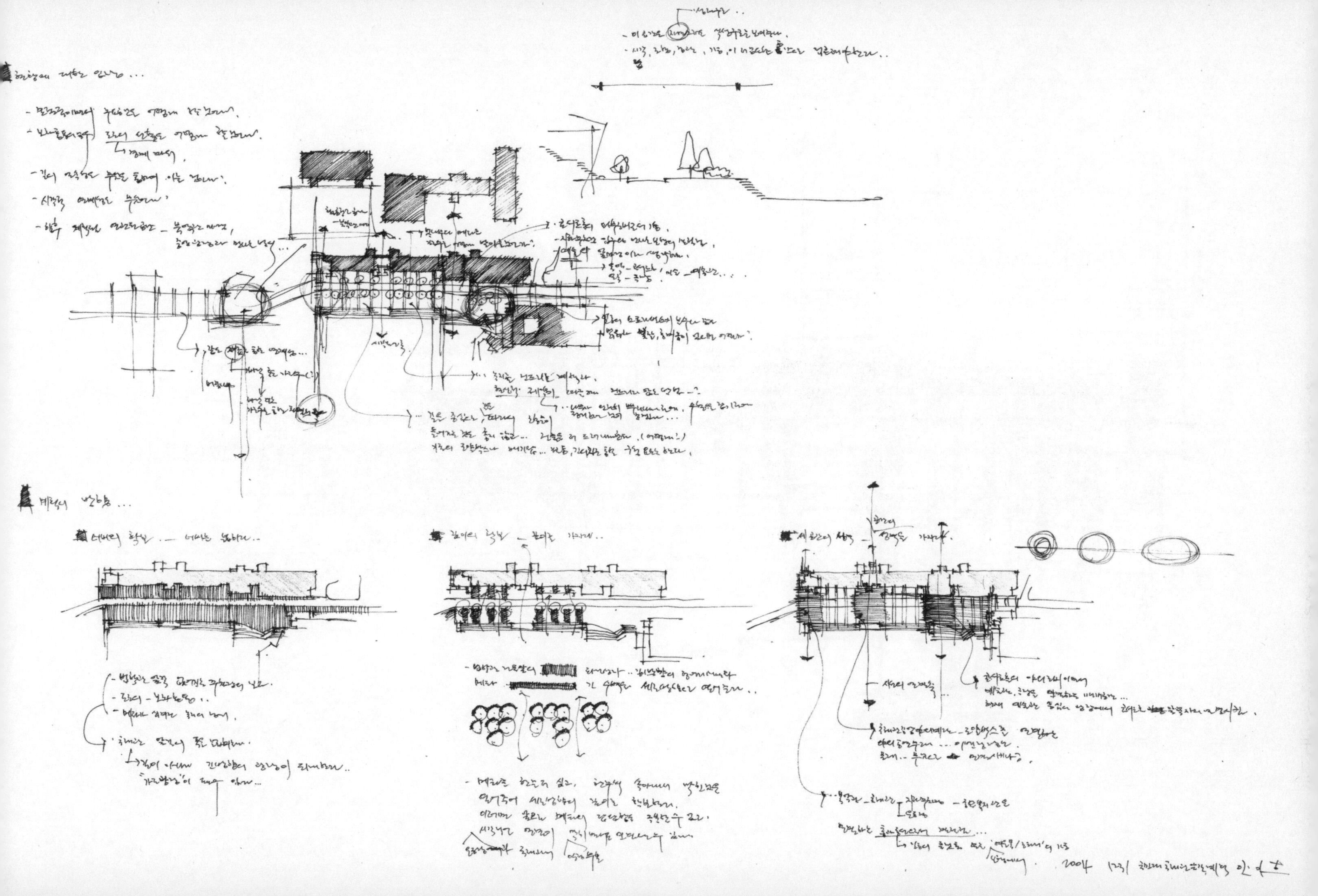
2004

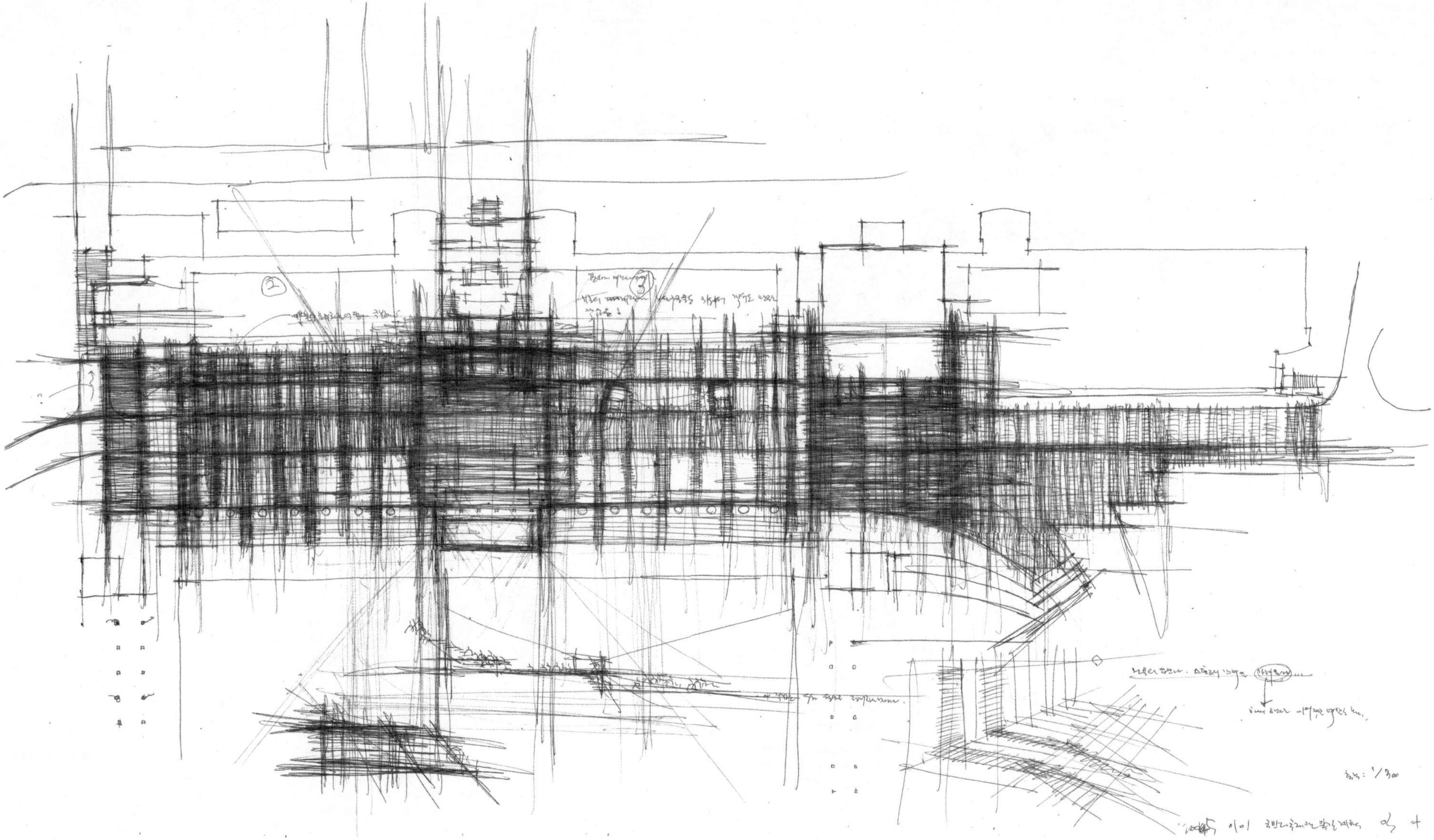

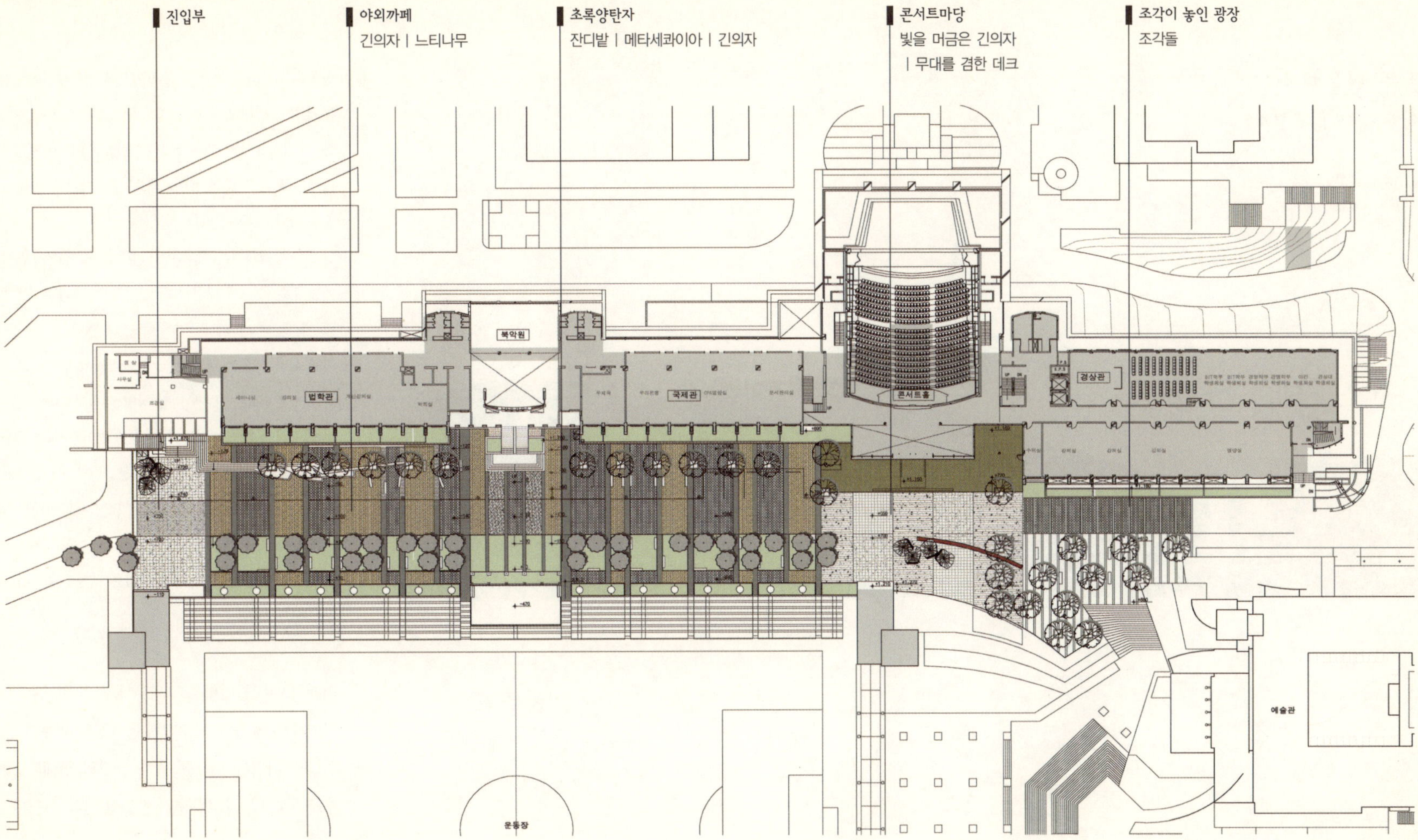
진입부
야외까페
긴의자 | 느티나무
초록양탄자
잔디밭 | 메타세콰이아 | 긴의자
콘서트마당
빛을 머금은 긴의자
| 무대를 겸한 데크
조각이 놓인 광장
조각돌
북악원
법학관
국제관
콘서트홀
경상관
예술관
운동장

연못을 만들다

_성우 둔내골프장 클럽하우스

2005. 05

+_공간

11,280.⁰⁰m²

연꽃은 늪이나 연못에서 심어 기르는 여러해살이풀입니다. 논에 물을 대려고 파 놓은 저수지나 공원 연못에 가면 많이 볼 수 있지요. 원산지는 인도 같은 열대 아시아인데 우리나라에는 불교와 함께 들어왔대요. 불교에서는 연꽃이 피는 땅을 극락으로 여겼답니다.
연꽃은 뿌리줄기가 땅 속에서 옆으로 길게 뻗으면서 마디에는 가는 뿌리가 나와서 퍼져 나가요. 뿌리줄기는 원통처럼 생겼는데 속에는 구멍이 숭숭 나 있어요. …… 여름에 희거나 붉은 꽃이 피는데 낮에는 꽃잎이 벌어지고 밤이면 꽃잎이 닫혀요. 이렇게 며칠 동안 되풀이하다가 가루받이가 끝나면 꽃잎이 쳐지면서 한 장씩 떨어지지요. 꽃이 지면 물뿌리개 꼭지같이 생긴 열매가 달립니다. 이 열매를 연밥이라고 하는데 껍질을 까서 날로 먹거나 말렸다가 약으로 쓰기도 하지요.
– 세밀화로 그린 보리 어린이 식물도감, 기획_도토리, 보리, 1997, 346쪽

전체적으로 클럽하우스 외부 공간의 형태는 곡선을 빌어 와 건물을 감싸주면서 골프장의 외부로 물결처럼 퍼져나가는 형태를 취해 그린의 형태와 맞물려 부드러운 대지의 형상을 만들어준다. 그러나 초기

현상 때의 이 개념은 주차장과 클럽하우스가 변경되면서 흔적만 남게 되었다.

로타리섬에 연못을 만든다. 지름 20미터의 원형 못 가운데 아메바 형태의 내부 못을 만들고 연을 심는다. 아메바와 원형 못 사이 못에 수련을 심는다. 무언가 단순하면서 강력한 것이었으면 좋겠다 생각했다. 그렇게 어휘 본래의 풍경으로 들어간다. 낯익은 풍경이면서 언제부터인지 도면 위에 그려지지 않는 풍경. 조금 더 설계가 단순하고 명료했으면 하는 마음 한편의 석연찮음이 물을 담으면 못이고 으레 못은 못으로만 있지 않고 연못으로 불리웠다는 생각이 가 닿은 곳이 애련의 마음이었다.

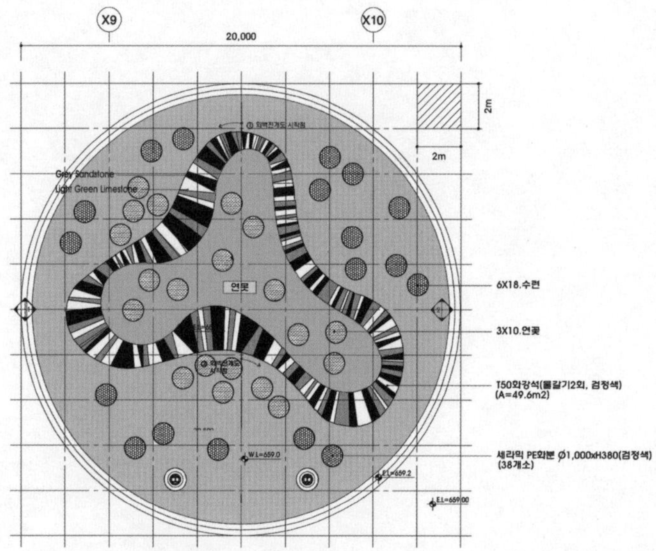

2004

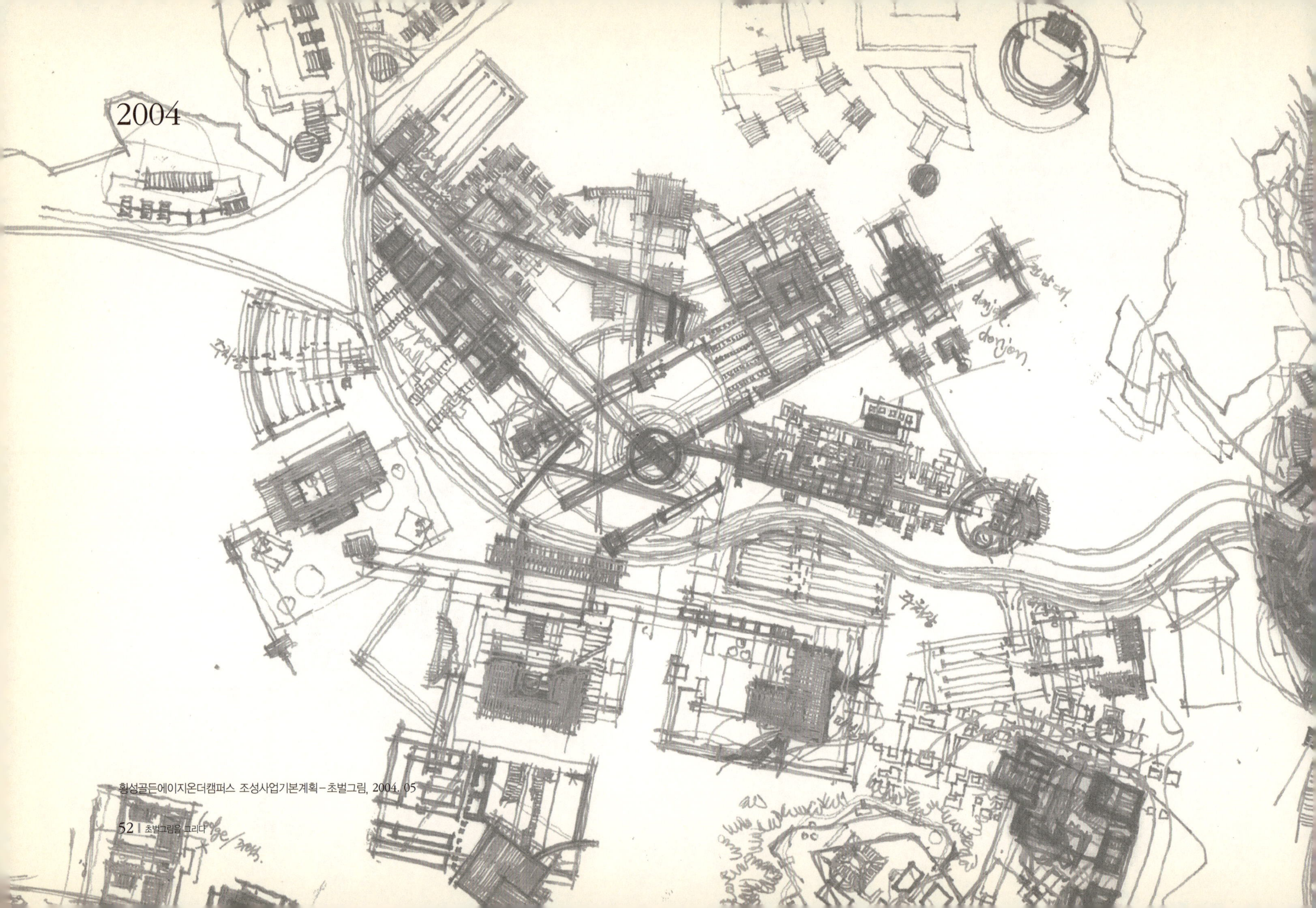

횡성골든에이지온더캠퍼스 조성사업기본계획–초벌그림, 2004. 05

해가 바뀌었고, 눈이 내렸다. 늦은 새해 인사를 한다. 평안하신지. 잎을 모두 떨군 나뭇가지 사이로 드러나는 둥지들. 보이지 않던 것들이 보이는 이 겨울의 벌거벗음 사이로 마음 한 자락도 어디 숨을 곳 없이 허허벌판에 있다. 조금 우울한 새해가 끝나지 않는 연속극처럼 이어진다. 눈 오는데 뭐 하나_소주나 마시자. 말은 없고 술만 부었다. 아니 말은 많았는데 정작 아무 말도 없었다. 더 황량한 겨울숲으로 내달으려면 거기 폭설일까 모르겠다. 갑자기 김세원 아줌마가 읽어주는 한계령을 위한 연가를 들어야겠다는 생각이 들었다.

2004 0113

거래처 서점과 정리할 것들이 좀 있었다. 사무실 내부의 사정도 있었고, 오늘 교보문고 물류센터와 영풍문고 물류센터에 책을 보냈고, 내일 아침이면 영풍 강남과 반디앤루니스, 진솔문고에 책이 들어간다. 늦어도 이삼일 후면 서가에 꽂힌 드로잉 책을 만나게 되리라. 길고 긴 여정, 척박한 우리 분야의 출판 사정이지만 이 더디고 더딘 작업을 통해서라도 스스로를 위안한다. 그렇다고 자족이나 자만 따위는 아니고, 좀 더 성실해야함에도 그러하지 못하다. 더욱이 드로잉 책을 위해 그리고, 만드는 작업을 묵묵히 태산처럼 진행한 동철 형에게 기쁨의 마음과 출판사 대표로서 미약함에 대한 한없는 미안함을 함께 가진다. 태도와 드로잉을 한벌로 보시면 어떨까. 설계 이야기이면서 빼곡한 잡설로 가득한 검정색 책과 설계 이야기이면서 우리 작업의 원초적 기능인 그리기에 대한 그림으로 가득한 하얀 혹자는 은색이라고 할 책.

앞으로 또 얼마의 시간이 걸릴지 모르지만 다음 책에 대한 이야기를 쉬엄쉬엄 한다. 솔직히 때맞춰 설계도면 넘겨주고, 일주일에 서너번씩 있는 브리핑과 협의를 다니며 야근과 철야가 일상인 와중에 책 만드는 일정을 잡는다는 것이 쉽지 않은 상황이지만 그래도 이 작업을 통해서 조금씩 우리 자신을 가다듬고, 뒤돌아보고, 조금이나마 미래를 점칠 수 있다면 그 이상 무엇이 소용 있겠나 싶다.

어차피 조그마한 티끌. 그 티끌 속의 우주이고픈 욕망 따위. 티끌의 성실함에 대한 함께 나눔. 그래서 우리 모두 닥나무 되기. 자신의 그림과 글로 책을 만들고 그 책이 모여서 종이가 된 닥나무가 아니라 닥나무로 회귀하기. 그래서 너의 책이 되기 위한 종이 되기. 너의 그림이 되기 위한 안료 되기. 마치 민들레를 위한 강아지똥 되기. 아니 강아지똥임을 자각하기. 오늘은 쓸데없이 말이 헤프군. 그래도 무언가 더 무슨 얘기를 해야할 것 같은 강박. 봄비 그득 내리고, 이제 연두가 서서히 짙어지는 계절, 대상없는 안부를 묻는다.

2004 0428

오후부터 줄곧 비가 내린다. 공간과 하는 관악구청사는 벌써 이틀을 늦었고, 이틀째 사무실에서 밤을 보낸다. 거의 진척되지 않는 일과 스스로 빠져버린 한계 속에 있다. 성훈이가 그런다. 이즘의 형의 설계는 건축에 휘말린 것인지 모르지만 이전의 설계안이 가졌던 꿈 따위가 없다. 그렇다. 개인적으로 설계를 하면서 글을 쓰지 않는 것은 그 안에 대한 생각과 느낌 따위를 꿈꾸지 않고 있다는 말도 되지 않는가. 설계가 말이 아니라 형태로, 공간으로 만들어져야 한다고 했을 때 말은 유지한 채 더 작업을 해야 하는데 말은 버리고 형태에만 집착했다면 그것은 문제이리라. 또한 새로운 설계언어에 대한 실험은 전무하다.

2004 0513

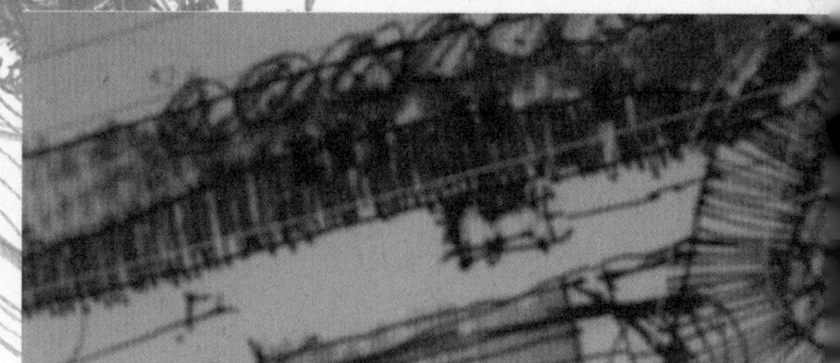

유동적인 시간이 지나간다. 일을 하고 있어도 일이 아니라고 느껴지는 이런 느낌. 불확실한 사실의 나열. 창의적이지 못한 행보가 계속된다. 다시 정신을 가다듬기로 한다.

2004 1223

초록으로 덮다

_시립보라매 새병원 일괄입찰

2004. 10

+_동부, 대림, 정림, 종현

24,596.⁰⁰m²

'Vert, e, adj. Ce qui distingue la couleur carécteristique des végétaux : les arbres à feuilles persistantes forment des bois toujours verts ; les salles découpées dans les bosquets peuvent être appelés ≪salles vertes≫ ; les allées couvertes de gazon, ≪allées vertes≫ ; les grandes pelouses de gazon toutes en longueur, ≪tapis verts≫. Au XXe siècle l'expression ≪espace vert≫ a été introduite pour désigner toutes d'aménagements du sol à l'aide de végétaux.'

- Michel CONAN, Dictionnaire historique de l'art des jardins, Hazan, p.239

'지구 표면적의 100분의 99가 이 공포의 초록색이리라. 그렇다면 지구야말로 너무나 단조 무미한 채색이다. 도회에는 초록이 드물다. 나는 처음 여기 표착漂着하였을 때 이 신선한 초록빛에 놀랐고 사랑하였다. 그러나 닷새가 못되어서 이 일망무제一望無際의 초록색은 조물주의 몰취미와 신경의 조잡성으로 말미암은 무미건조한 지구의 여백인 것을 발견하고 다시금 놀라지 않을 수 없었다.

어쩔 작정으로 저렇게 퍼러냐. 하루 온종일 저 푸른 빛은 아무것도 하지 않는다. 오직 그 푸른 것에 백치와 같이 만족하면서 푸른 채로 있다.'

- 이상, 권태倦怠, 날자 한번만 더 날자꾸나, 문장, 140쪽

초벌그림 02

병원이라는 거대한 나무가 있다. 작은 정원들과 나무 하나, 풀 한 포기가 나뭇잎이 되어 거대한 나무를 구성한다. 녹색, 치유의 나무 속으로 들어가다. 생명의 나무, 녹음의 터널, 길, 넝쿨과 가지, 꿈과 나뭇잎, 녹음의 터널 하부로 들어간다.

초벌그림 03

주변의 상관관계 속에서 규정될 수 있는 병원 부지 내 공간의 성격

자연의 회복, 심신의 단련, 인간의 치유와 회복, 노인들의 평온, 어린이들의 놀이

후면의 자연녹지가 병원을 '덮는다' – 연계된다.

공개공지의 성격

– 병원의 전면광장

– 보라매공원의 녹지가 연결되는 녹지축

– 입구에서부터 시작되는 길의 연속

– 도시조각 병원/공원으로 들어오는 중첩공간

전면 도로에 대한 성격 _보라매공원/병원으로 가는 공원의 일부로 볼 것인가 아니면 도시조각과 만나는 접경지로 볼 것인가.

공원과 연계되는 몇 가지 산책로가 설정된다.

1. 길이와 시간이 다르다.
2. 성격이 다르다.
3. 기능이 달라질 수 있다.
4. 부지 외부와 연계되는 어떤 것

삼거리의 입구 – 보라매공원과 보라매병원의 상징적인 입구로 계획한다.

일정한 완충의 공간이 필요하다.

공원, 동서방향의 수평적 녹지 연결

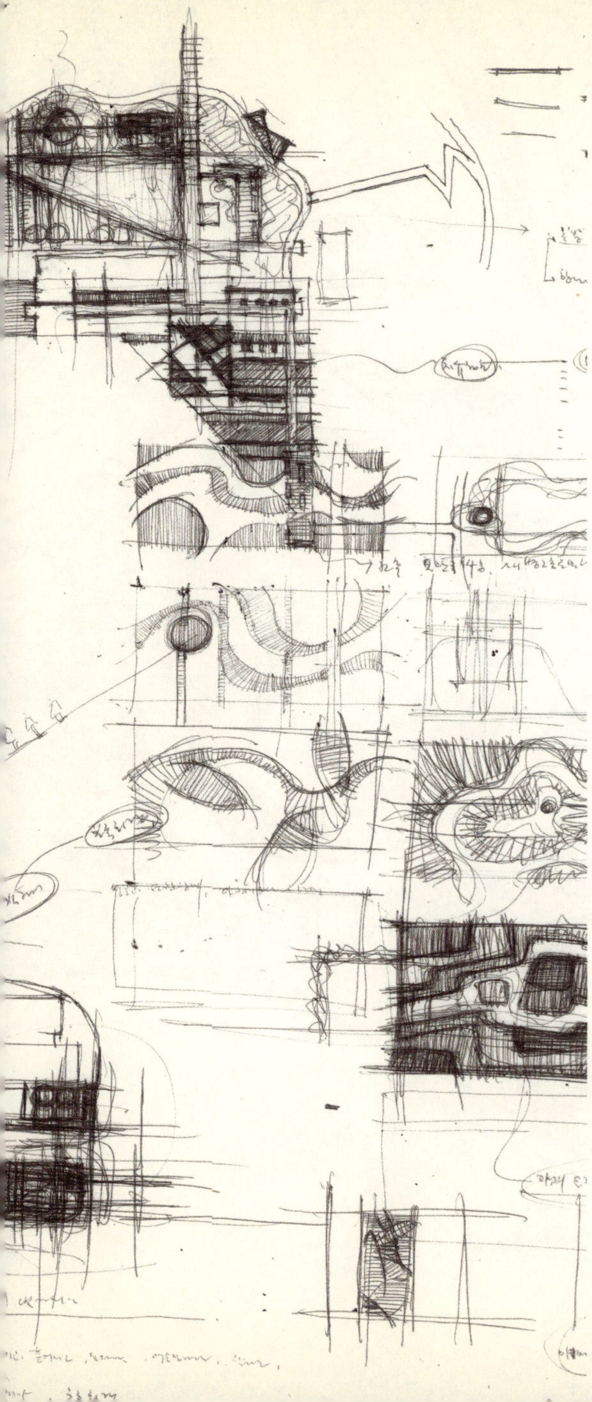

초벌그림 04

1단계

빛깔 _초록

초록의 행동강령 _초록으로 덮다, 초록을 뿌리다, 초록을 깔다, 초록을 바르다, 초록으로 들어가다.

2단계 _형태를 입기 위해

초록을 만들어 내는 '나무'가 나온다. 이 나무는 '생명의 나무'이며, '치유의 나무'다. 환자가 들어와서 다시 건강한 삶을 얻어 나가는 것을 나무의 광합성 작용과 병원의 기능을 빗댄다.

3단계

나무에 기능을 겹친다. 나뭇잎 하나가 치료실이고, 방이고, 가지가 복도고, 수간이 코아다. 나뭇잎 하나가 작은 정원이고, 공장이며, 가지가 길이 된다. 수간은 녹지의 수직적 연결이다.

길 · 숲 · 마당 · 정원

_화성 동탄 3-1블럭 아파트

2004. 06

+_건원, 풍성

43,729.^{00}m^2

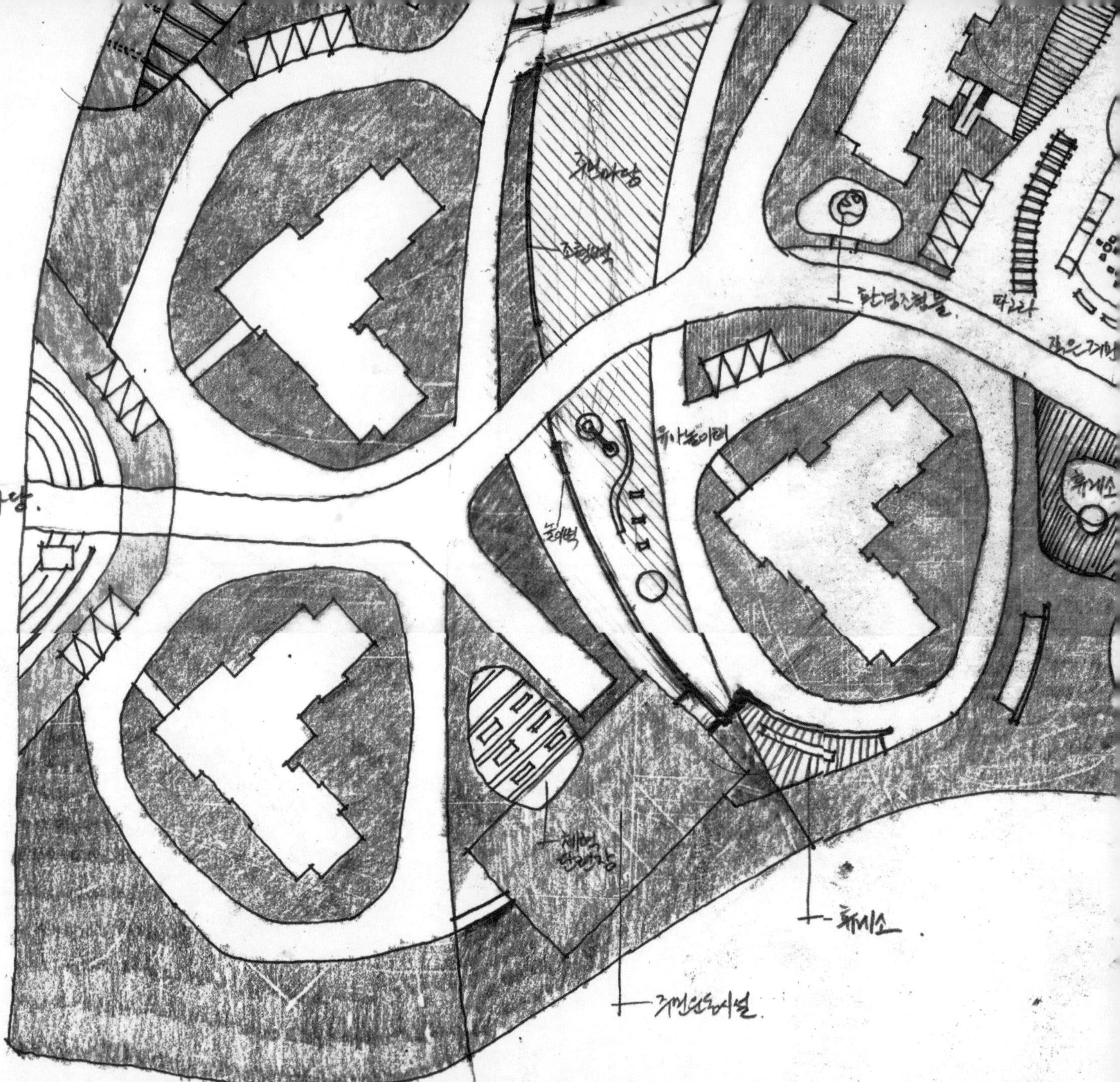

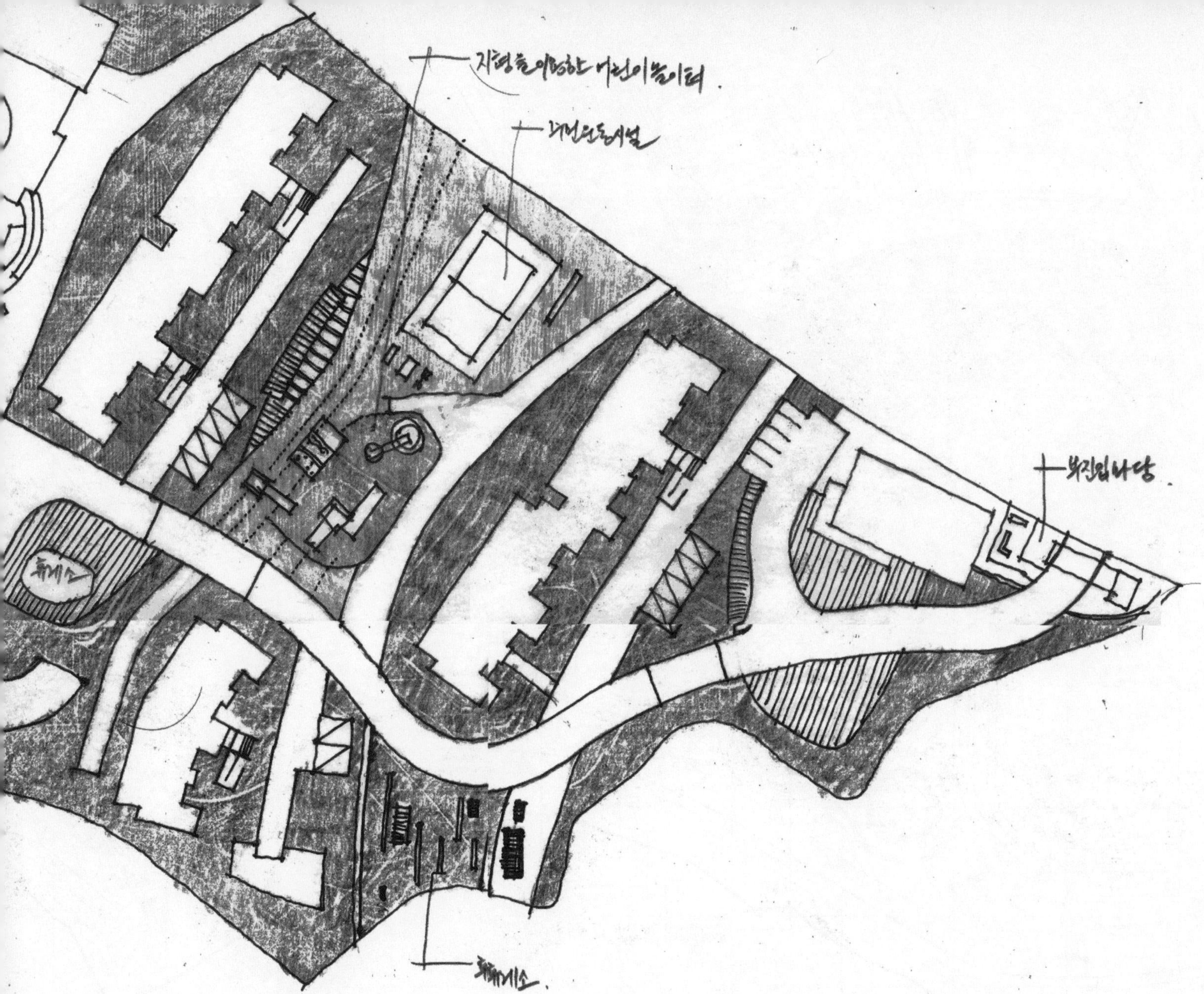
지형을 이용한 어린이놀이터
노인운동시설
복지관마당
휴게소
휴게소

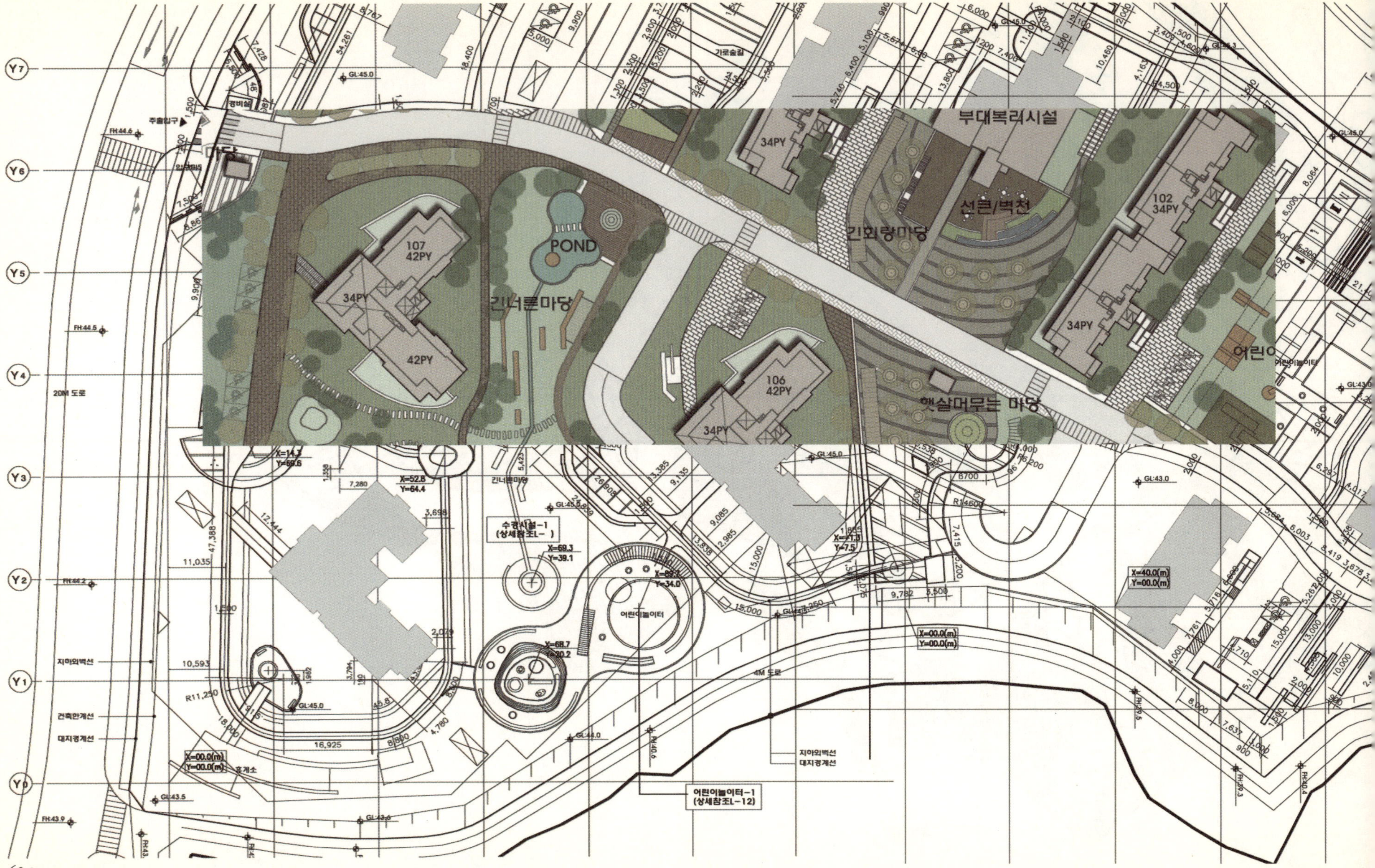
부대복리시설
선큰/벽천
긴회랑마당
POND
긴너른마당
햇살머무는 마당
107
42PY
34PY
42PY
106
42PY
34PY
102
34PY
34PY
34PY
어린이
주출입구
경비실
20M 도로
4M 도로
가로숲길
수경시설-1
(상세참조L-)
어린이놀이터
어린이놀이터-1
(상세참조L-12)
지하외벽선
건축한계선
대지경계선
휴게소

어린이놀이터-2
(상세참조L-13)
주민운동시설-2
(상세참조L-)
공동주택
근린생활시설
X=146.3
Y=26.3
X=126.3
Y=24.3
X=144.3
Y=7.2
GL:43.0
GL:41.0
GL:42.0
GL:42.5
FH:40.2
20m
20,000

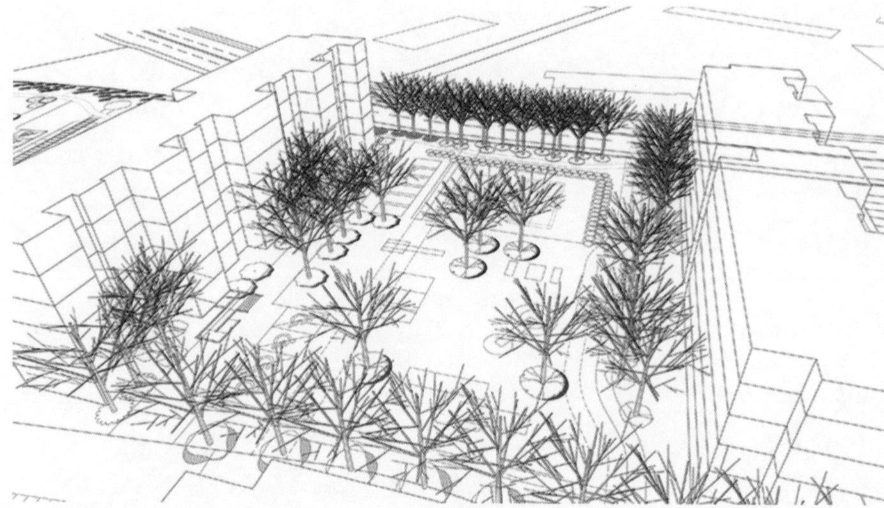

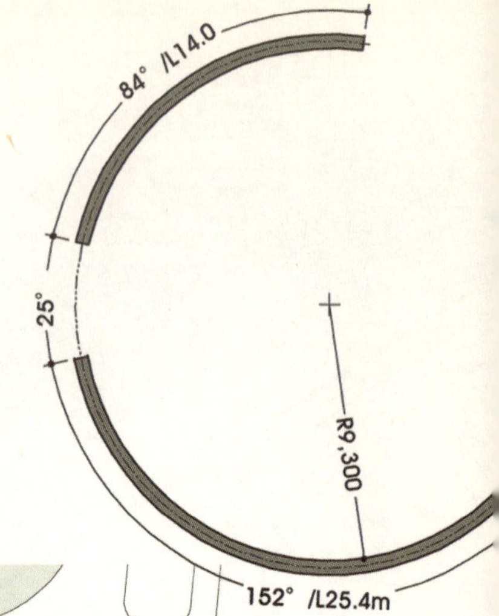
84° /L14.0
25°
R9,300
152° /L25.4m

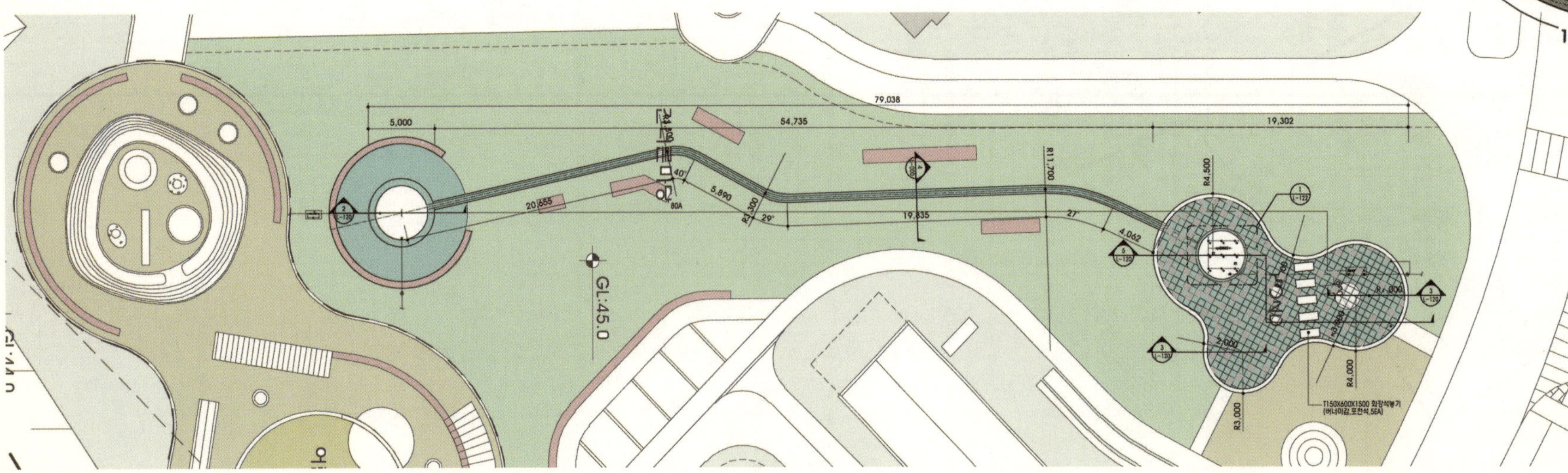
79,038
5,000
54,735
19,302
20,655
5,890
19,835
R11,700
R4,500
4,062
GL:45.0
R3,000
R4,000

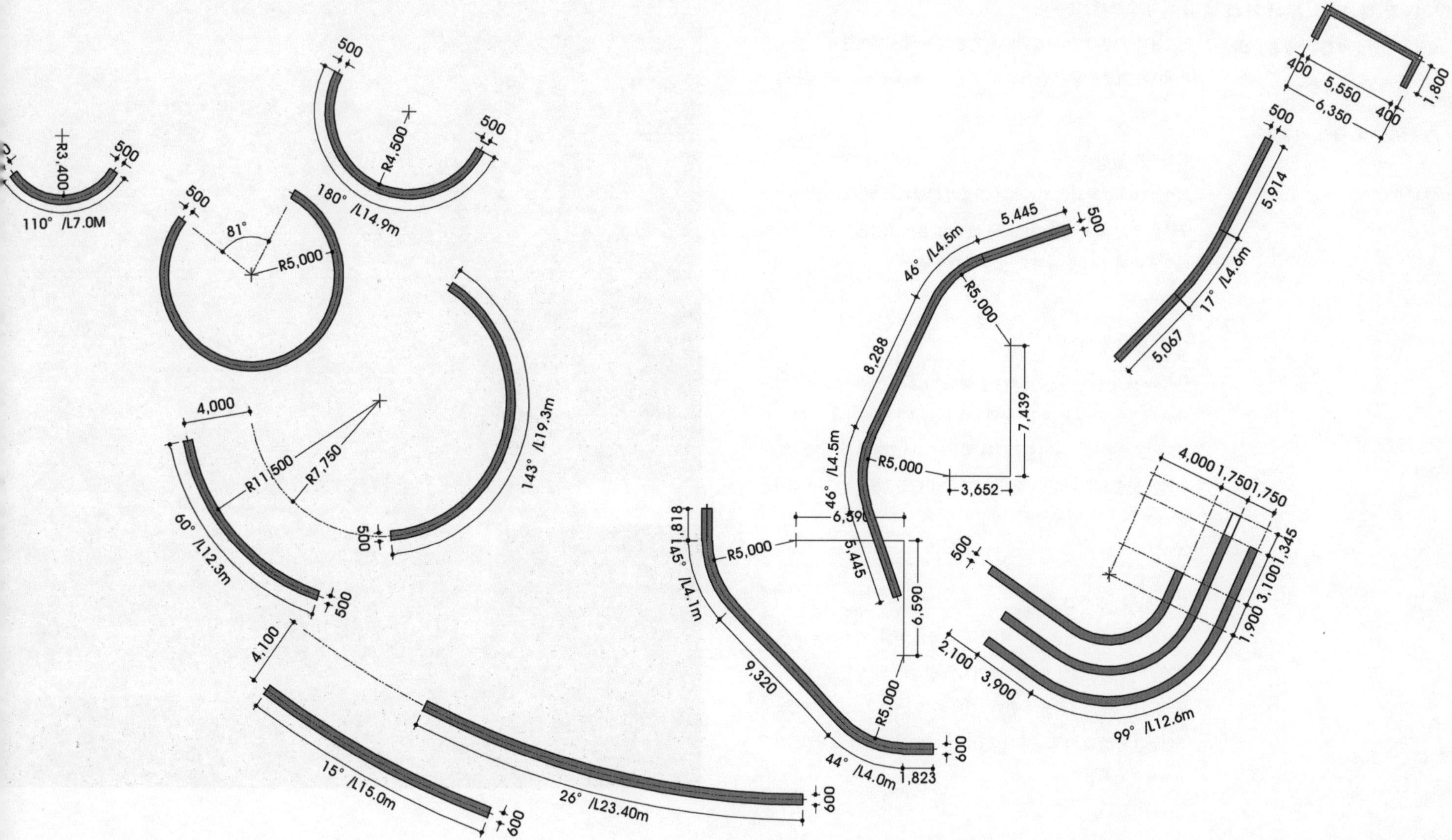
R3,400
500
110° /L7.0M
500
R4,500
500
180° /L14.9m
500
81°
R5,000
143° /L19.3m
4,000
R11,500
R7,750
60° /L12.3m
500
500
4,100
15° /L15.0m
600
26° /L23.40m
600
1,818
45° /L4.1m
R5,000
9,320
R5,000
44° /L4.0m
1,823
600
6,590
5,445
6,590
46° /L4.5m
R5,000
3,652
7,439
8,288
R5,000
46° /L4.5m
5,445
500
400
5,550
400
6,350
1,800
500
5,914
17° /L4.6m
5,067
4,000
1,750
1,750
1,345
3,100
1,900
500
2,100
3,900
99° /L12.6m

낯선 풍경으로 들어가다

_제 2시민안전체험관 일괄입찰

2004. 07

+_현대산업개발, 공간, 시공테크

4,753.⁰⁰m²

공원의 오브제 _조형미

건축물과 외부 공간이 분리되지 않은 하나의 형태이면서 그것이 만들어내는 형태가 공원 안에서 하나의 조형물object인 모습을 갖는다.

안과 밖 _관입

외부공간의 전체적인 디자인은 건물과 맞물려서 건물과 외부공간의 구분을 없애고 하나의 덩어리로 만들어진다. 조경은 단순히 건물의 외부가 아닌 건물을 감싸고 있는 대지가 된다.

일상 _낯선 풍경

겉으로 보기에는 평온한 그러나 전체적으로 일상의 공간이기보다 낯선 공간을 만든다. 지진, 붕괴, 전리 등. 부지불식간에 예고도, 규칙도 없이 찾아오는 재난에 대한 형상이라면 그것은 비정형의 무작위적인 모습으로 나타날 것이다. 재료의 단절, 벽을 타고 올라가는 길 따위.

분절된 길 _연속적 체험

분절되고 꺾이는 길은 광장이 되고, 경계가 된다. 길이라는 공간 개념과 그 길을 통해서 만나는 예기치 못한 재난의 상황을 외부의 주제 공간을 통해 경험하게 된다. 길을 따라 순차적으로 전면광장 - 전이공간 - 주제 가로 - 휴게공간으로 이어지고, 3층 옥상정원으로 수직적으로 연결된다.

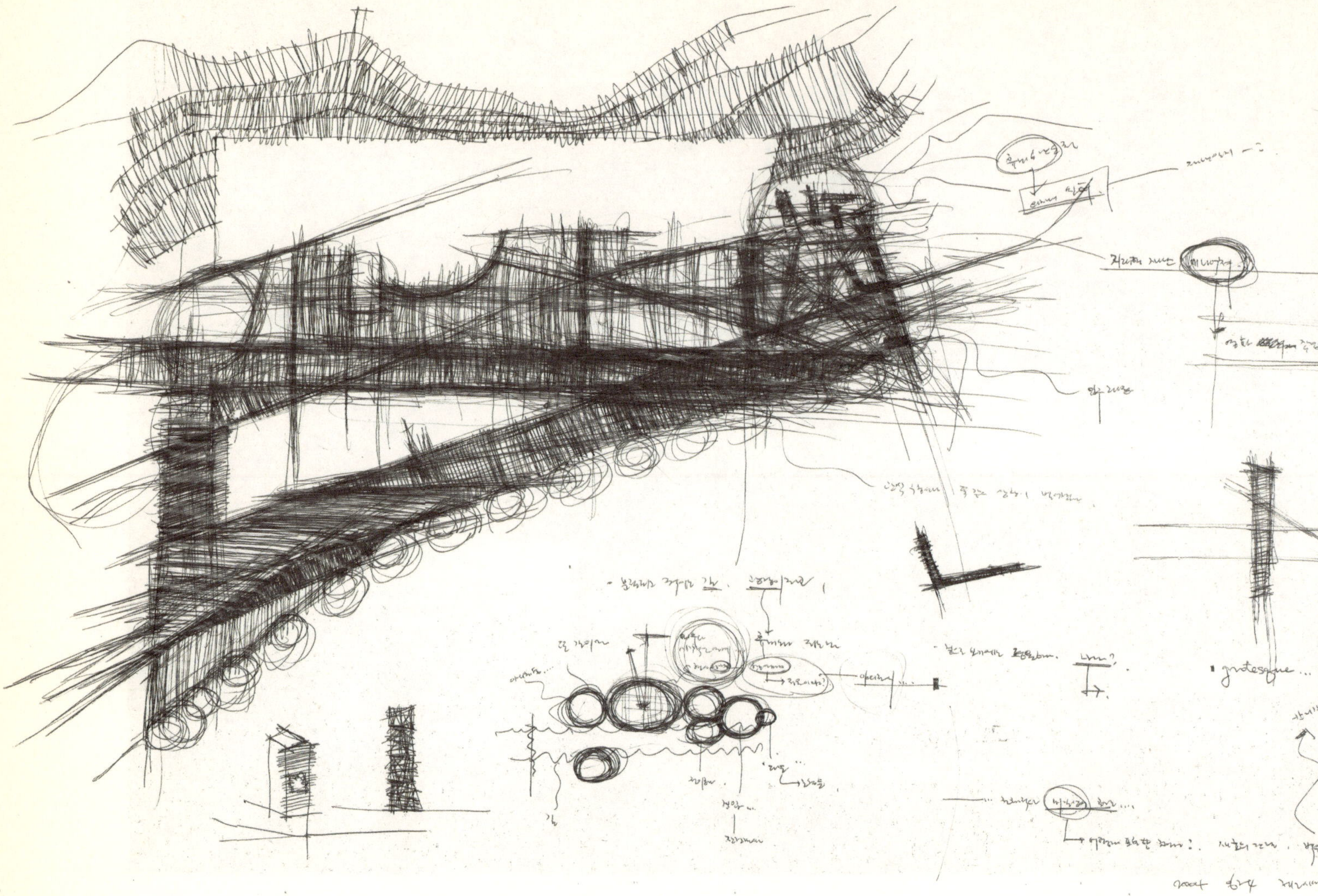

전체적으로 재난과 재해가 만드는 형상에서 출발해 자연의 치유와 인간의 아름다운 노력이 담겨 있는 세상을 동선의 흐름에 따라 순차적으로 배치함으로써 안전체험관이 가지는 상징성을 자연스럽게 느낄 수 있도록 한다. 대지 전체를 지진에 의해 이루어진 균열의 땅으로 보고, 건축물 자체가 절리된 계곡의 조형물이 되고, 진입부 또한 융기와 침하가 이루어진 형상을 갖는다. 그래서 진입광장에 화산의 형상을 빌어 빛의 우물을 만들고, 지진의 틈으로서 LED조명이 부지 전체를 감싼다. 또 체험계곡 초입의 천창은 붕괴된 건물의 내부를 상징적으로 보여준다. 이 체험계곡의 중앙에 이렇게 붕괴된 도시가 다시 자연에 의해 치유되는 모습으로서 붕괴된 건물의 모형miniature이 넝쿨식물과 초화류로 덮인 형상을 가진다. 체험관 안쪽에 가을에 붉게 단풍이 드는 나무를 이용해 불이 난 화재 현장을 재현하고 여기에 화재진압을 위해 애쓰는 소방대원의 모습을 부조함으로써 재난과 재해에 대한 인간의 노력을 조금은 직설적으로 표현한다.

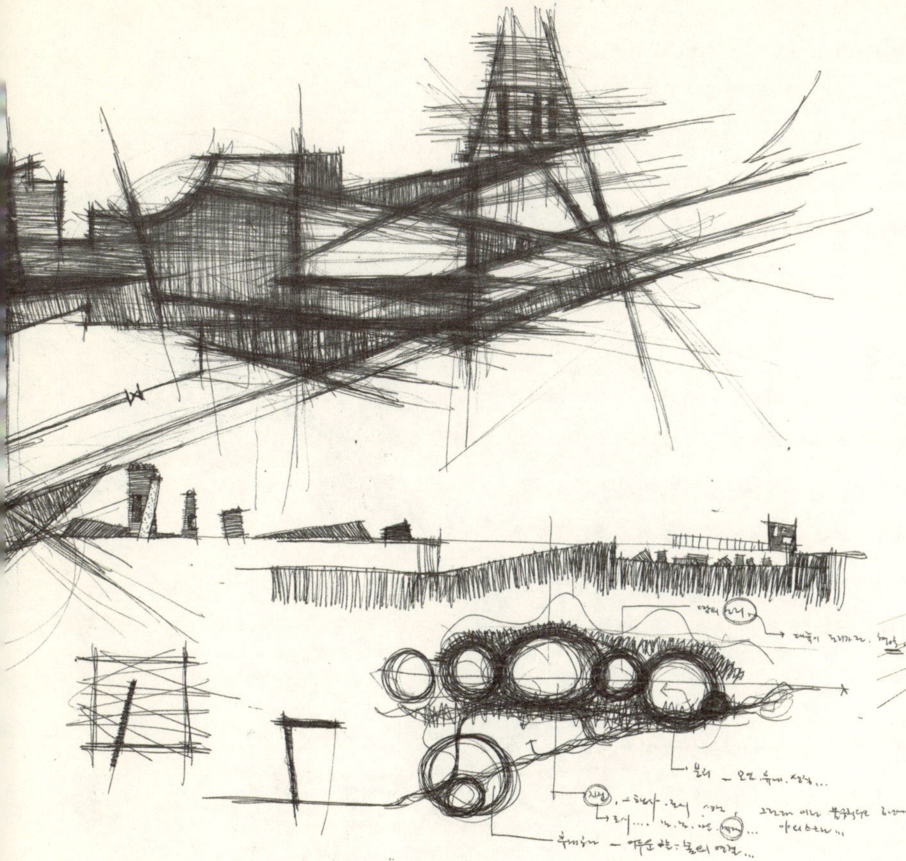

두 개의 둥근 광장

_고양 풍동 두산아파트

2004. 08

+_두산, 태평양

52,572.^{66}m^2

단지 외부 공간의 전반적인 상황

아파트 건물은 부지의 형태를 따라 유선형으로 배치되면서 자연스럽게 원을 그리며 돌아간다. 외곽으로 차량동선과 주차장 그리고 지하주차장 출입구가 있고, 그 외곽으로 완충녹지가 있다. 건물로 둘러싸인 안쪽에 단지 주민들을 위한 중심 외부 공간이 만들어진다. 단지의 남북을 가로 질러 외부와 단지 뒤쪽의 공원을 연결하는 중앙가로가 질러간다. 커다란 중정의 형태를 가진 단지 외부공간은 중앙가로를 사이에 두고 사미터 이상의 높이 차이를 가지면서 자연스럽게 두 개의 공간으로 나뉜다.

설계 전반

전체적으로 두 개로 나뉘는 판의 중심에 공동체를 위한 두 개의 공간을 두고 그 안에 또는 그것과 연계해서 서로 다른 기능을 가진 공간을 배치한다. 그리고 이 공간을 가로지르고 연결하는 길이 놓인다. 길은 기능적으로 가장 필요한 곳을 서로 연결할 수 있게 하는 반면 느리게 산책하는 사람들을 위한 굽이지는 길을 두어 다양하게 이용할 수 있도록 한다. 길과 공간을 가로지르는 물길은 또 다른 의미에서 단지를 이어주고 활발하게 이용되며 동시에 조형적인 즐거움을 줄 수 있도록 디자인 한다.

두 개의 커다란 원 _둥근 공동체community

단지는 두 개의 커다란 원을 중심으로 주민 공동체community를 형성한다. 어느 곳에서고 접근이 가능하고, 원을 따라 순환할 수 있는 이곳은 외부공간에서 일어나는 일상의 다양한 활동과 부정기적인 특별한 활동이 가능하도록 한다. 일상의 활동을 위해서 어린이놀이터, 쉼터, 숲 등이 있고, 부정기적인 특별활동을 위해서 많은 사람들이 동시에 이용할 수 있도록 일정하게 비어있는 광장을 만들어 준다. 이 두 개의 공동체 공간은 단순히 기능적인 요구의 충족만이 아니라 하릴 없이 어슬렁거리거나 산책 하는 사람들을 위해 그리고 무엇보다 단지 주민들의 생활의 즐거움을 위해 시각적인 즐거움을 줄 수 있는 요소들을 놓아둔다.

침묵과 소리의 정원

단지 전체에서 가장 조용한 공간으로 사람들은 여기서 편하게 마음을 내려놓는다. 일정한 방향으로 녹지와 바닥이 깔리고 녹지 사이에 교목을 심어준다. 세심하게 심겨진 지피는 질감과 독특한 색감을 가지며 교목은 바람에 소리가 좋은 수종을 심어주고 포장된 바닥에 일정하게 야외의자를 놓아둔다. 정원의 외곽은 생울타리로 둘러쳐준다.

우물과 샘

단지 전체를 흐르는 개울은 자연 형태의 개울이기 보다는 인공적인 수로로 만든다. 이 수로의 시작점이 되는 곳에 우물과 샘을 둔다. 수로는 넓지 않은 폭을 가지지만 단의 변화와 재료들의 교차를 통해 친근하게 물을 가지고 놀 수 있고, 그 형태로도 즐거운 물은 사람길과 교차하면서 흐른다.

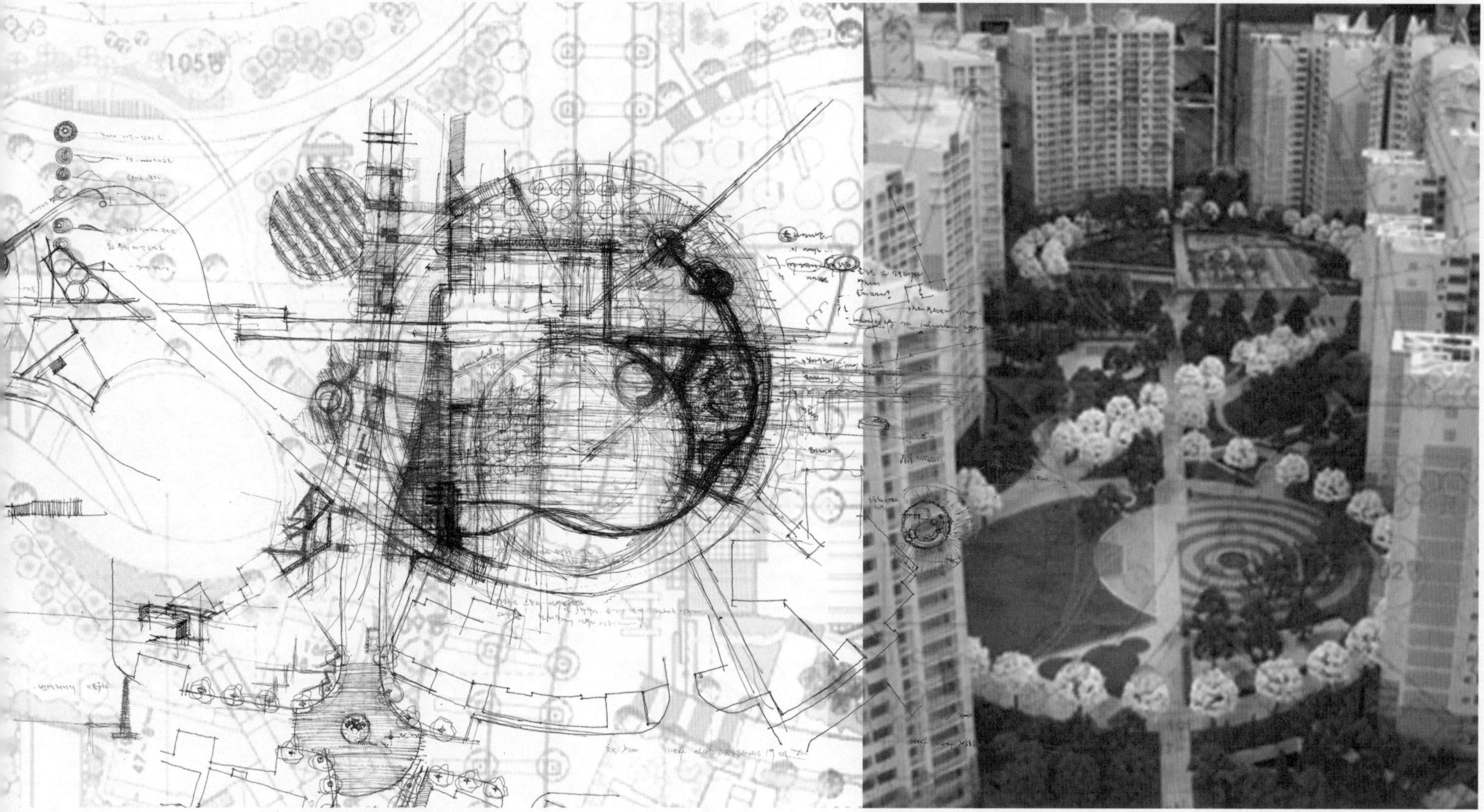

잔디밭

약간의 구릉이 진 둥근 잔디밭이다. 잔디밭을 가로지르는 두 개의 산책로가 있고, 사이사이에 놀이조형물을 둔다. 여기서 사람들은 눕거나 앉거나 놀거나 한다.

길 _흐름

단지의 외부와 내부를 관통하는 중앙가로는 찻길과 넓은 보행로로 만들어진다. 완만한 곡선을 그리면서 나아가는 길에 가로수는 역동성을 더하고 나무가 만드는 시선축vista을 형성한다. 또 다른 단지를 관통하는 수평의 긴 길은 높이가 다른 두 공동체의 원을 이어주기 위해 중앙가로를 가로지르는 다리를 놓아 연결시킨다. 단지 전체의 길은 그 폭에 의해 서로 위계를 가지며, 동시에 직선과 곡선으로 이루어진 서로 다른 길은 수벽과 가로수의 열식을 통해 각각이 다른 시각적 연속 장면을 만들어낸다. 또 각각의 고유한 수종의 가로수를 심어 다른 분위기를 가진다.

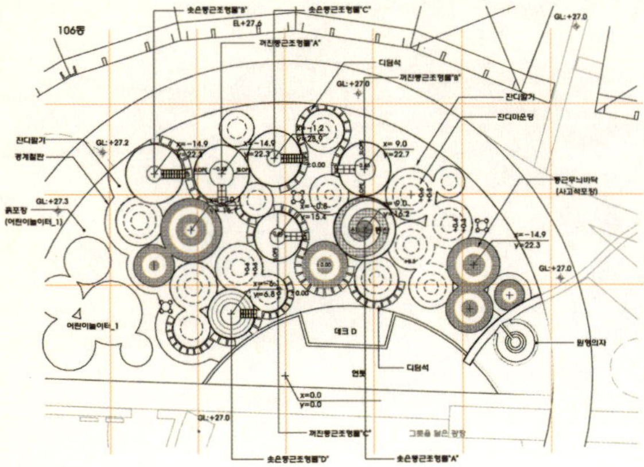

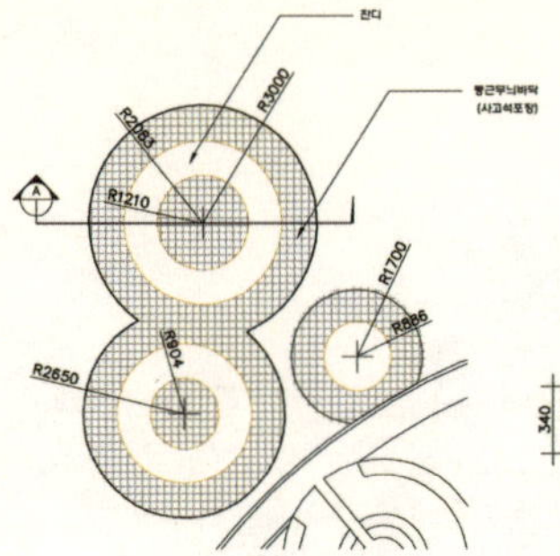

둥근무늬바닥 평면

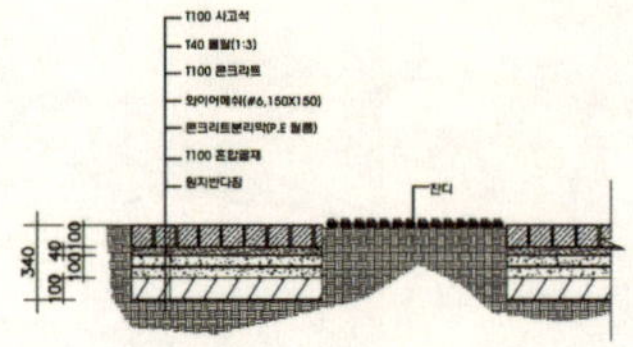

둥근무늬바닥 A부분단면

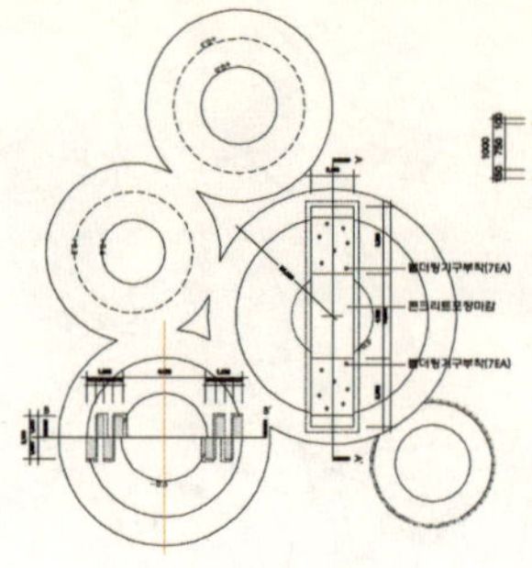

모험놀이대 평면도

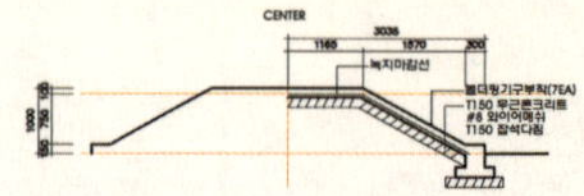

A-A' 단면도

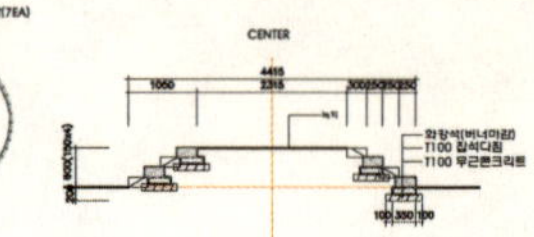

B-B' 단면도

첫 번째 둥근 공동체와 중앙광장

첫 번째 둥근 공동체는 둥근 원을 디자인 모티브로 가져와 전체적인 디자인이 이루어진다. 비어있어서 신나게 놀 수 있는 광장은 중심을 향해 완만한 경사진 그릇의 형태를 가지며 바닥포장도 이러한 지형을 따라서 동심원을 이루면서 둥글게 깔린다. 그리고 중앙광장 주변의 어린이놀이터와 신나는 놀이동산도 원의 형태를 이용해 디자인 되었다. 단지를 횡으로 가로지르는 길에 의해 나눠진 중앙광장의 일부가 자연스럽게 연못이 된다. 이 첫 번째 둥근 공동체는 두 번째 둥근 공동체와 기능적인 유사성을 가지지만 지형을 이용한 즐거운 공간을 만들어 상대적으로 활동적인 공간이 되도록 했다.

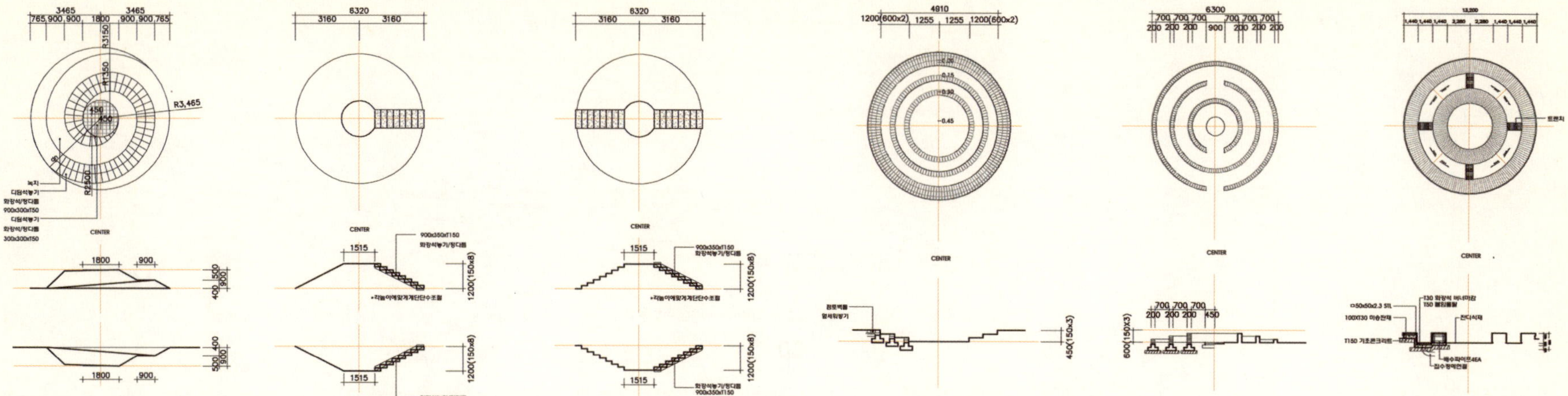

고가크레인이 철거되던 날 현장, 2005. 11. 29

나누면서 이어주다

_고양시 노인종합복지회관 설계경기

2004. 08

+_명승

6,772.98m²

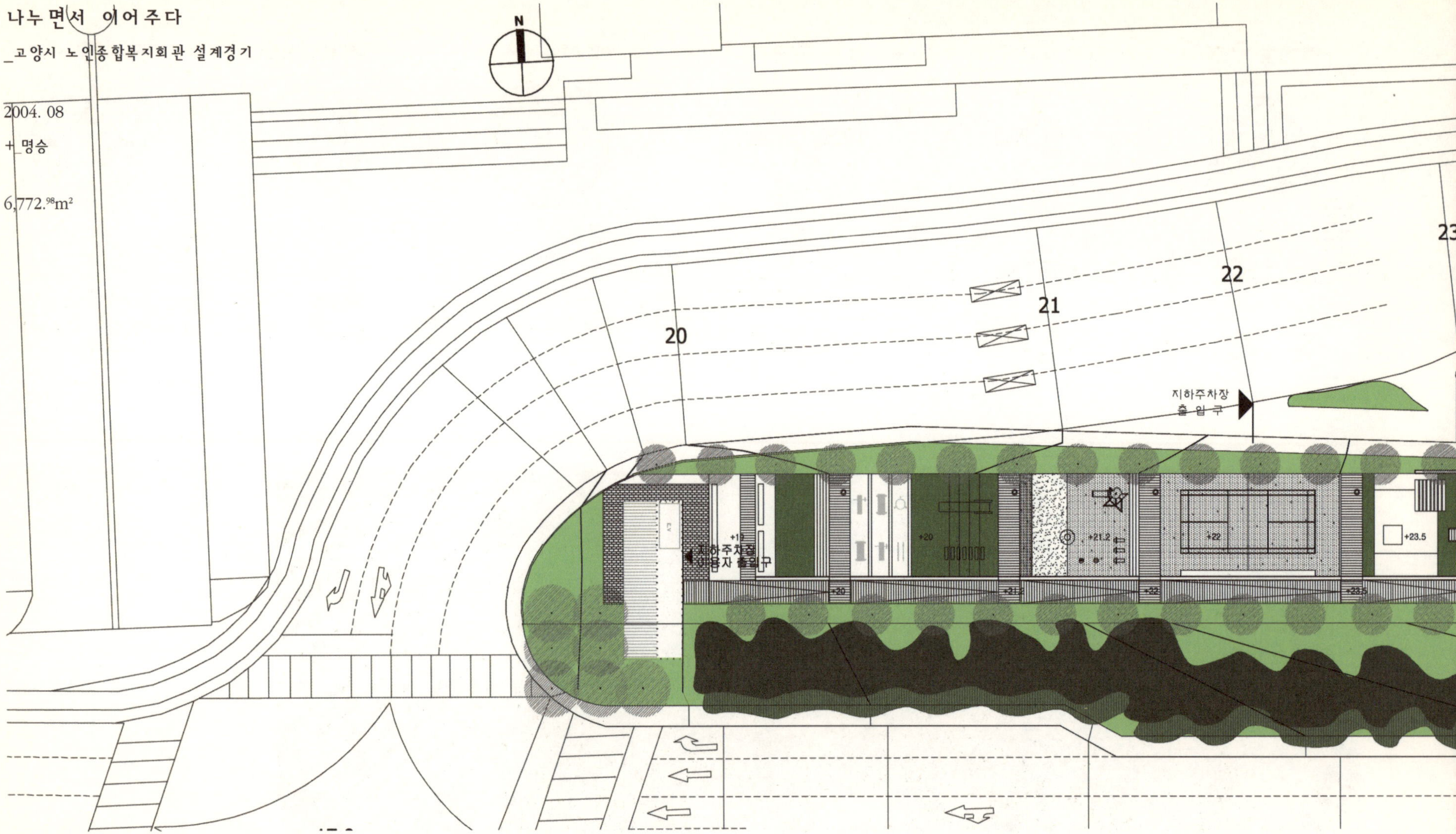

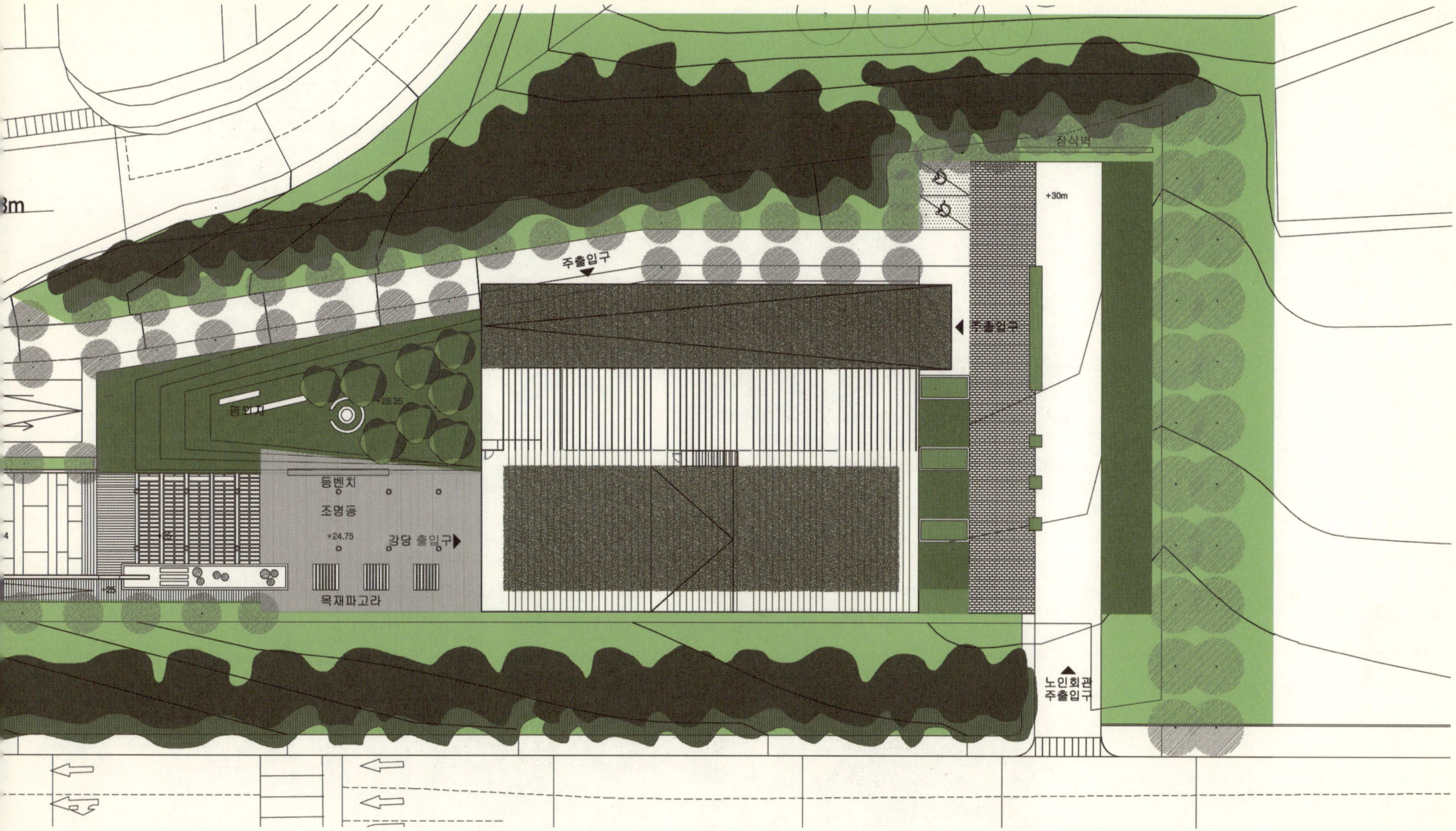

주출입구
장식벽
+30m
+28.35
등벤치
조명등
+24.75
강당 출입구
+25
목재파고라
노인회관
주출입구

자하 너른 마당

_관악구 통합청사 설계경기

2004. 05

+_공간

63,584.7㎡

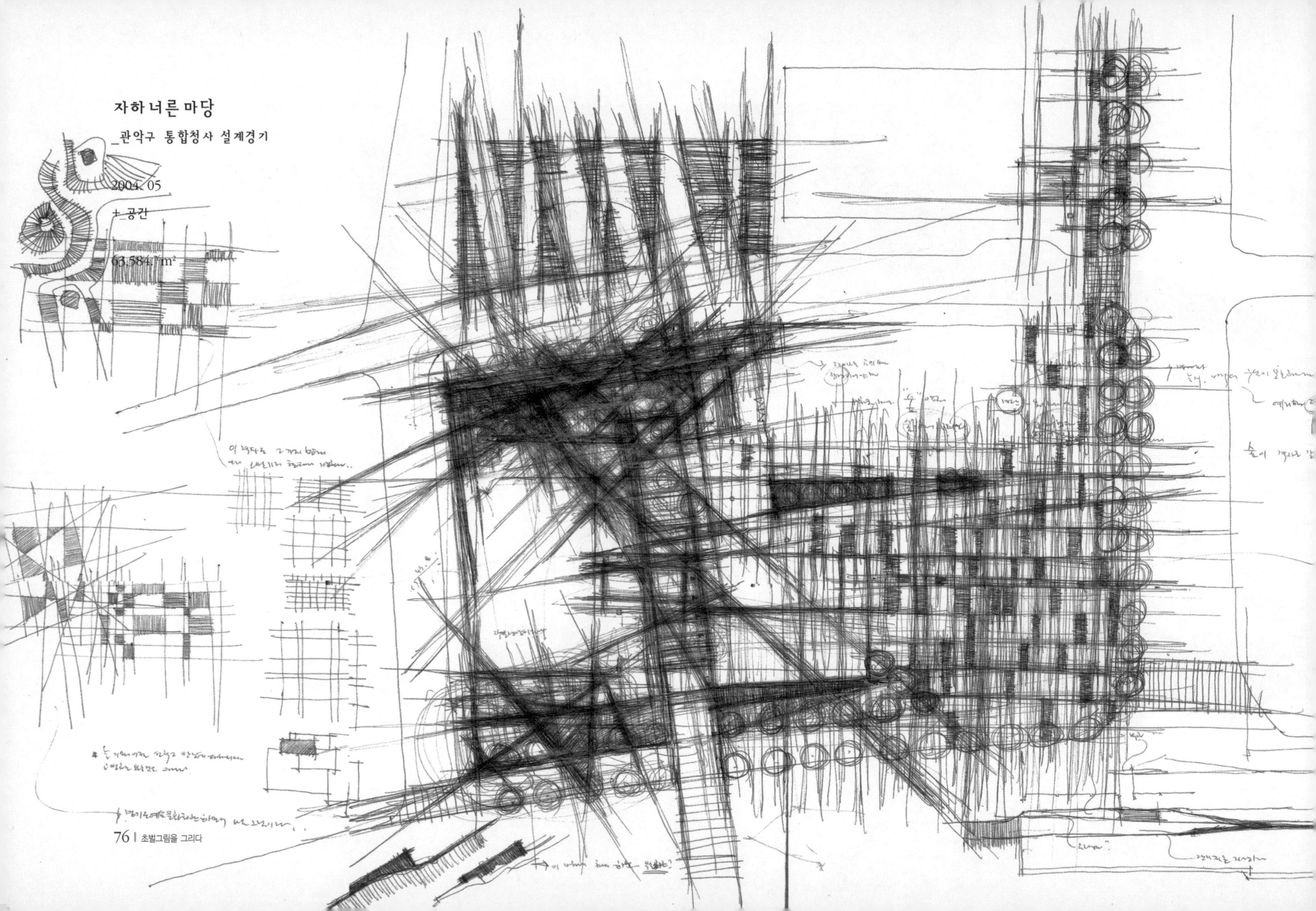

전체평면도
SCALE 1:500

지형을 따르다

관악산이 아우르는 삼성산의 발치와 마을의 접경에 놓여지는 구청사는 그 상징적인 위치와 함께 기존의 주변 지형을 받아들이면서 높이의 차이에 의해 단절되지 않는 자연스러운 공간 이동과 접근이 이루어지도록 한다.

마을 안에 청사가 들어가고, 청사 속으로 마을이 들어오다

청사 부지를 둘러싼 주변의 길은 부지 내부에서도 끊어지지 않고 유연하게 흘러들어오고, 흘러나간다. 이러한 흐름은 시각적 통로를 만들어 경관의 흐름 또한 자연스럽게 열어주어 마을과 청사가 하나의 덩어리가 되게 한다.

열린 청사를 꿈꾸다

주민들이 어디서고 쉽게 접근할 수 있도록 청사는 모든 방향으로 진입이 가능하도록 되어 있다. 구청사에 볼일이 없을 때도 쉽게 와서 쉴 수 있는 작은 주머니 공원을 만들고 청사의 전면은 너른 광장을 두어 주민을 위한 다양한 행사와 모임이 가능한 열린 공간이 되도록 한다.

청사는 공원이다

청사의 외부는 물론 내부까지도 일반적인 관공서의 모습이 아니라 하나의 공원으로 계획되었다. 이를 위해 청사 앞쪽의 광장, 주변의 가로가 연속되는 길에 만들어진 가로공원, 삼성산과 연결되는 이면의 공원과 숲 그리고 건물 내부의 곳곳에 공중정원을 만들어 청사 전체가 하나의 공원이 된다.

푸르름이 날아오르다

관악산에서 비롯되는 푸른 녹지대가 삼성산을 거쳐 청사 마당으로 들어오고 다시 건물을 타고 올라 수직으로 비상하는 녹지대를 만든다. 부지 남서쪽으로 산과 면해서 숲을 만들고 건물의 곳곳에 떠 있는 정원을 만들어 수직의 푸르름을 연결한다.

공간의 나눔과 세부계획

청사의 외부 공간은 크게 관악로와 쑥고개길에 면하는 곳에 광장을 두고, 이면에는 숲을 이루는 공원 그리고 가로가 연계되는 곳에 가로공원을 둔다. 그리고 3층의 보건소, 청사 4층, 구의회 5층과 옥상 층에 공중정원을 만든다. 1층 아트리움에는 못을 만들고 물을 좋아하는 잎 지는 큰키나무를 심는다.

주민 자치를 위한 열린 마당으로서 광장

청사의 전면은 마을의 구심점이 될 수 있도록 광장을 둔다. 이 비어있는 광장은 주변에 대한 개방적인 시선을 가지며 주민들을 위한 다양한 행사와 모임이 가능하다. 바닥은 도시를 상징하는 격자의 모듈로 바닥의 문양을 만들고 이 격자는 청사 전체를 감싸게 되고 청사홀이 있는 아트리움의 내부까지 들어간다.

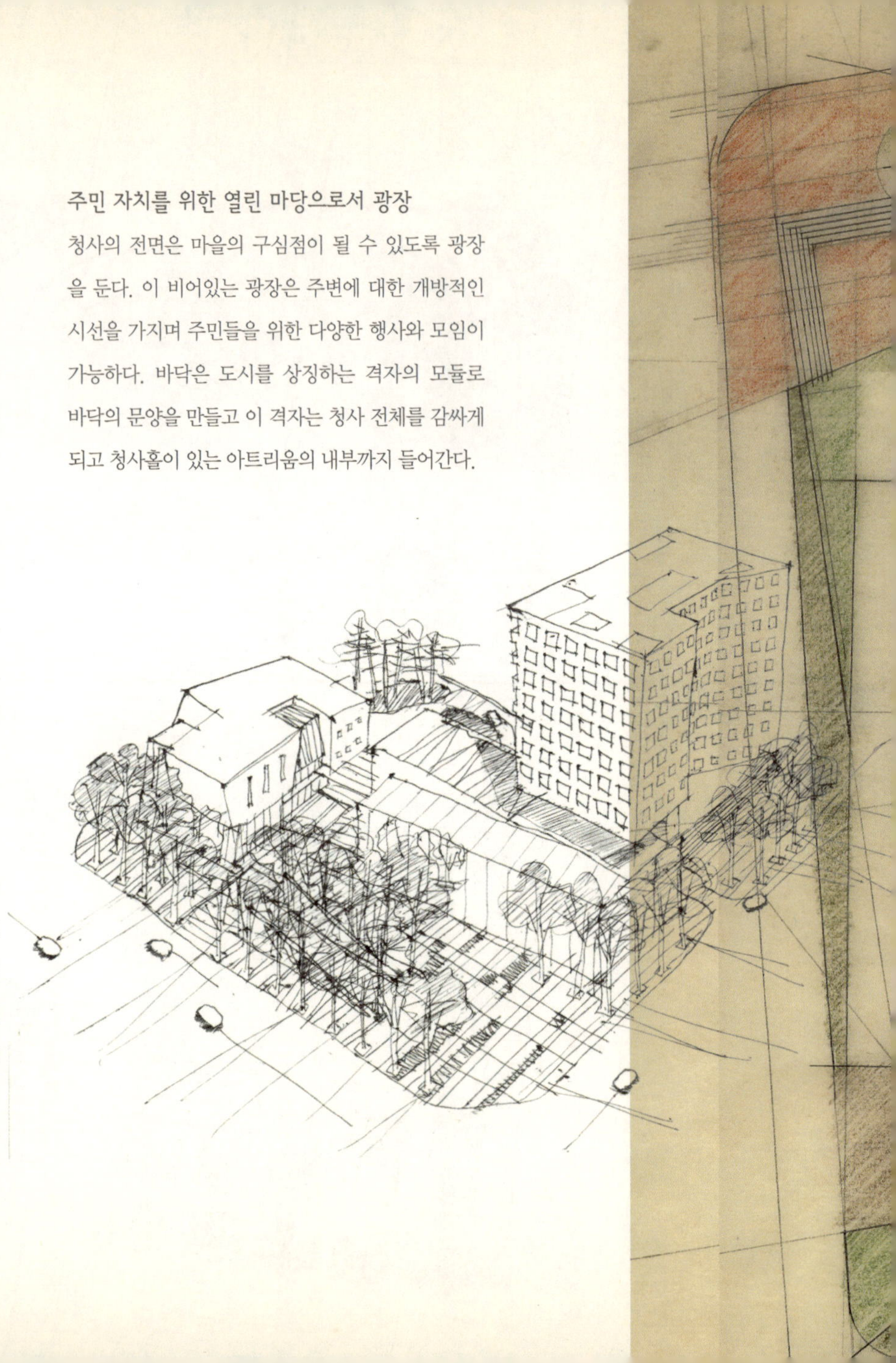

다시 관계를 맺다

_영남직업재활센터 설계경기

2004. 03

+_삼우동인

81,792.00m²

2003

감기에 걸렸습니다. 밤새흘러내리는콧물과칼칼한목구멍에바람들어가는소리그리고휘몰이로몰아치는창밖의빗소리. 점점몸에면역이떨어져가고있습니다. 그래도이낡은기관을끌고지난봄부터용케버티고있다생각합니다. 아침이되었지만비가끊이지않습니다. 그빗속을지나사무실책상에앉습니다. 날이어두워백열전등을 켭니다. 거기… 속이빈플라스틱컵네개, 재떨이로쓰는딸기잼유리병, 마우스두개, 연필깎이, 연필심갈이, 종이샘플묶음두개, 제도용빗자루, 각도삼각자, 스케일, 열쇠뭉치, 육십색파스텔색연필한통, 지우개, 연필꽂이로쓰는백도가담겼던깡통, 로트링붉은잉크병, 60와트백열전구스탠드, 전화기, 일곱살박이가진흙으로만든고래, 종이위에크레용으로그려진파란개한마리, 아이자와노란색두루마리트레이싱지, 문진으로쓰는구멍뚫린둥근쇠덩어리, 사그라다파밀리아에서사온톱니문양으로파진타원형의재떨이. 어제모습그대로어지러운책상입니다. 아스피린과아달린을먹던그처럼화이투벤과콘택육백을먹어야할지모르겠습니다.

2003 0928

숲에 갇히다

_도림동 쌍용플래티넘

2003. 09

+_아이담

17,900.26m^2

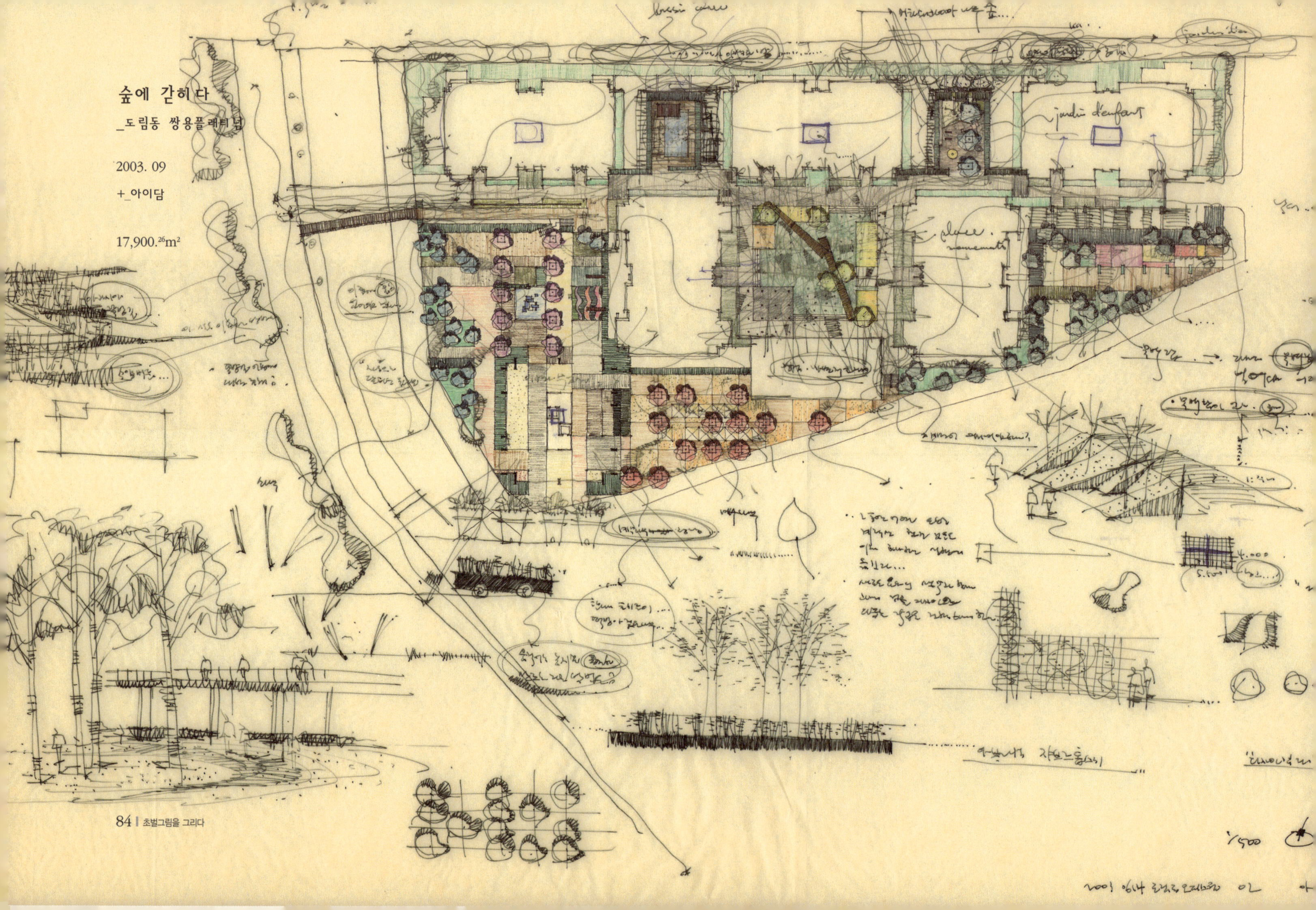

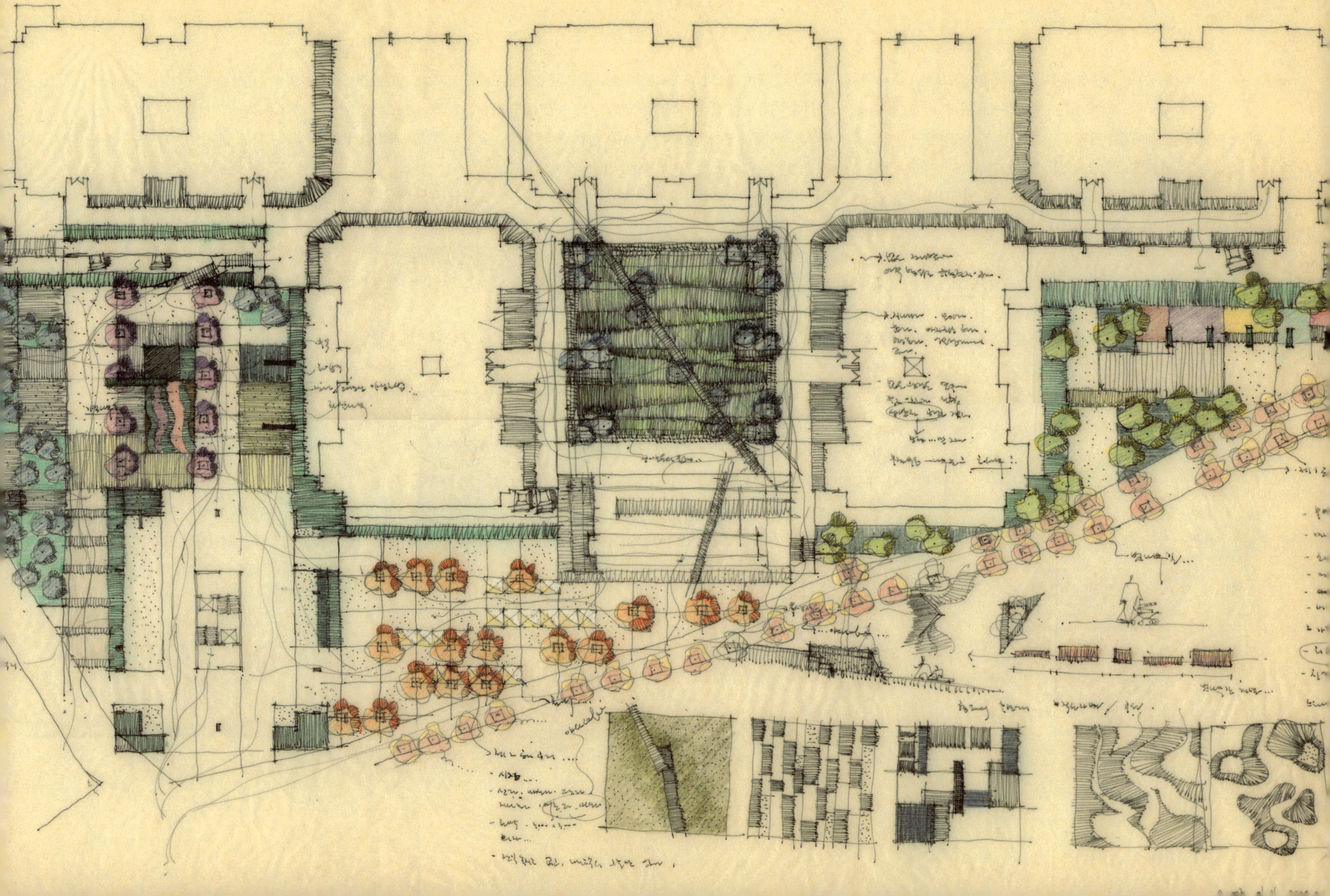

철길이 흘러가고, 물이 흘러가고, 바람이 흘러가고, 차가 흘러가는 사이에 놓여진 오피스텔은 안락한 주거를 위해 나무가 만드는 숲으로 전체 대지를 감싸고 그 사이사이로 사람들이 지나가고, 모이고, 쉴 수 있는 공간을 만들어 준다. 그리고 부지 주변과 활발한 연계를 통해서 단지 전체가 고립된 섬이 아니라 즐거운 생활의 커뮤니티를 형성할 수 있도록 해준다.

숲

단지를 둘러싸고 있는 외부공간을 적절히 막아주면서 편안한 삶을 영위할 수 있도록 단지 전체를 큰 나무들이 만들어내는 숲으로 만들어준다. 그 사이에 집이 올라오고, 길이 만들어지고, 정원과 놀이터가 들어간다. 숲은 각기 다른 나무들이 들어가 색의 변화와 계절의 변화 그리고 그 나무가 만들어내는 분위기로 인해 같으나 다른 느낌의 장소를 만든다.

정원

사람이 사는 집이 삭막한 도시 외부 공간과 만나는 완충공간으로서 정원은 꽃이 피고 잎이 변하는 자연의 아름다움을 전해주는 곳이다. 거기 물이 있어서 가끔 물소리도 나고 수생식물도 자란다. 또 아이들은 단순한 놀이터가 아니라 정원 속에서 뛰어논다면 더 없이 즐겁겠다. 세심한 정원사가 가꾼다면 더 좋겠지만 쉽게 자연을 찾아갈 수 없는 일상에서 만나는 정원은 작고 다양한 기쁨이 숨어있다.

마당 같은 광장

예전의 집에는 으레 마당이 있었듯 사람이 사는 집에는 비어 있으나 너른 공간이 필요하다. 단지의 중앙에 이러한 마당의 기능을 담는 광장을 두기로 한다. 평소에는 비어있어 하릴없는 사람들이 어슬렁거리지만 여기서 잔치를 하거나 모임을 갖고 함께 즐거움을 나눌 수 있는 곳이다.

길

공간과 공간을 이어주고, 사람과 사람을 이어주는 길은 단지와 외부를 연결하는 통로이기도 하고, 산책을 위한 짧은 여정이기도 하다. 이러한 길이 끊이지 않고 순환할 수 있도록 작은 다리를 놓고, 계단을 놓는다. 또 차량의 흐름과 겹치지 않고 안전하게 다닐 수 있도록 분리시킨다.

소나무 숲과 중정

주변 고가도로의 차폐를 위해 사철 푸르른 소나무로 숲을 만들어 준다. 소나무 숲과 필로티를 지나 만들어지는 너른 공간은 중앙에 물을 만지며 놀 수 있는 조형분수와 색색의 화단을 둔다.

모자이크 정원

필로티 하부는 식물이 없는 사각의 벽과 바닥을 이용한 사각의 모자이크 정원을 만든다. 때때로 아이들은 숨바꼭질을 하고, 까페로 이용되기도 한다.

계수나무 숲

계수나무는 가을에 노란 단풍이 예쁘고, 바람에 자글거리는 소리가 난다. 계수나무 숲을 이루며 근린생활시설과 연계되어서 다양

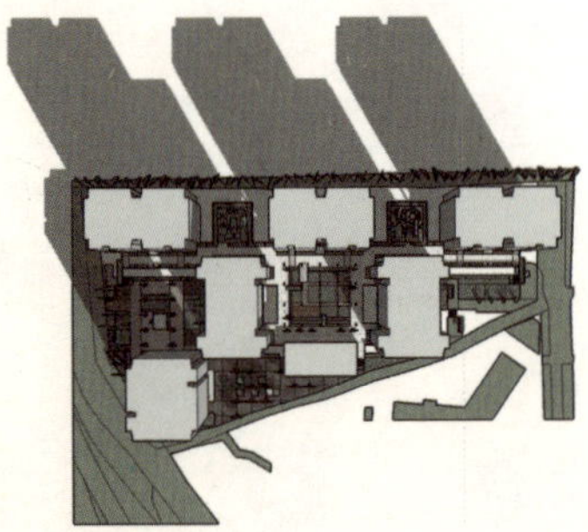
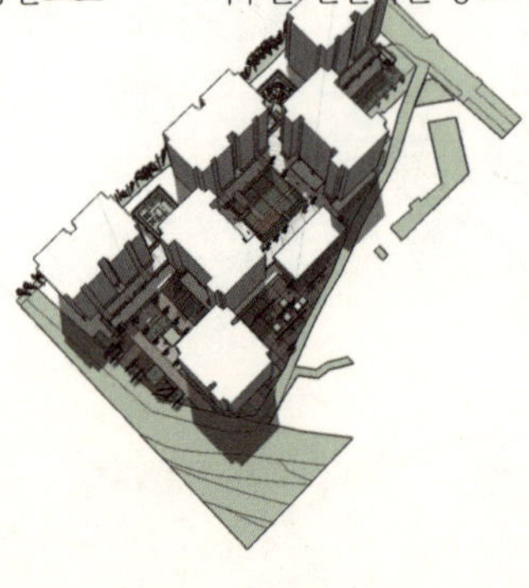
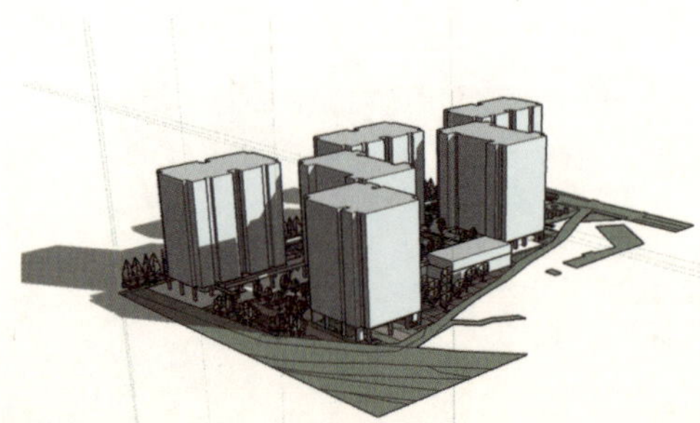
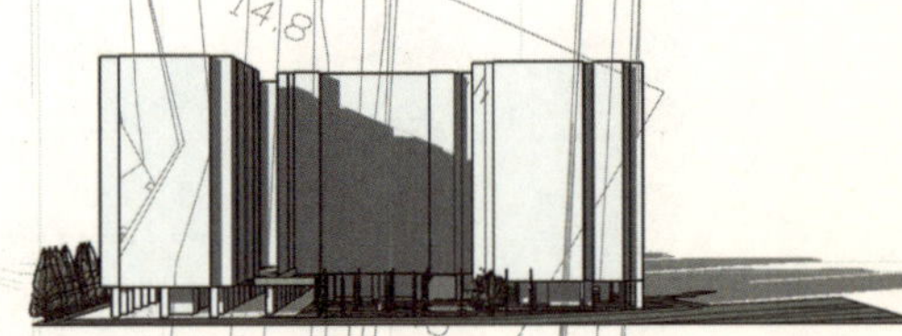

한 상업 행위도 가능한 열린 공간이 된다. 이를 위해 설치와 철거가 간단한 가변적인 천막구조물을 둘 수 있게 격자로 나무를 심어준다.

튤립나무 숲

노란 꽃이 지고 난 꽃대가 보기 좋은 튤립나무가 숲을 이루고 있는 공간, 입구를 상징하는 담쟁이 조형물과 의자조형물을 두어 숲 사이에 의자가 있는 풍경을 만든다.

세콰이아 숲

철길과 단지 사이에는 방음벽이 있지만 좀 더 적극적인 차폐를 위해서 메타세콰이아로 방음벽을 만들어준다. 그러나 전체를 다 막는 것이 아니라 부분적으로 뚫어줌으로 해서 열림과 트임이 함께 하도록 한다.

회화나무 마당

중앙데크는 광장의 성격을 가지는 주민들을 위한 잔디가 깔려있는 마당이다. 잔디밭은 서너단의 단 차이를 두면서 내려앉는다. 잔치나 행사가 있을 때 무대가 되고, 마천루로 올라가는 건물 사이에 텅 비어있는 숨통이 된다.

어리연꽃 정원

반듯한 네모난 연못은 깊지 않으나 연꽃과 수생식물들이 자라고 양쪽으로 데크를 둔다. 머뭇거리고, 바라본다. 두런두런 이야기를 나눈다.

놀이정원

지형을 이용한 놀이가 이루어지는 어린이정원이다. 관목이 주변을 두르고 나무 그늘 속에서 아이들이 논다. 한쪽으로는 긴 의자를 두어 부모들이 함께 한다.

주진입구

주진입구는 채광과 입구 인지도를 동시에 만족시키기 위해 소나무를 두고, 다른 쪽은 자작나무와 관목을 조형적으로 심는다.

공중정원

주민 공동의 다양한 활동과 편안한 휴식이 함께 할 수 있는 공간. 중앙에 광장을 두어 놀이와 다양한 형태가 일어날 수 있도록 하고 외곽으로는 순환로를 두어 산책, 작은 코스의 달리기, 롤러스케이트가 가능하도록 한다. 광장과 길을 제외한 데크 전체는 주민들이 직접 가꾸는 채소원과 다양한 꽃과 관목, 잔디가 문양을 이루는 정원을 만든다.

하얀금 쌈지공원(공개공지)

단지로 들어오는 초입으로 전체 단지를 외부에 드러내는 상징 공간. 입구의 상징성을 가지면서 또한 잠시 머무를 수 있는 공원이다. s자 형태로 회화나무를 심어 열려있는 공간을 만들고 마을을 상징하는 조형벽과 콘크리트 데크, 그 위에 퍼골라를 놓아 쉴 수 있게 한다. 조형벽은 단지안내를 겸하며 콘크리트 데크는 동네의 지도를 음각해서 오피스텔이 놓여있는 마을 전체를 이해하게 해 준다.

마을 속에 마을

_마장동 도시개발공사아파트 설계경기

2003. 09

+_삼우동인

17,449.17m²

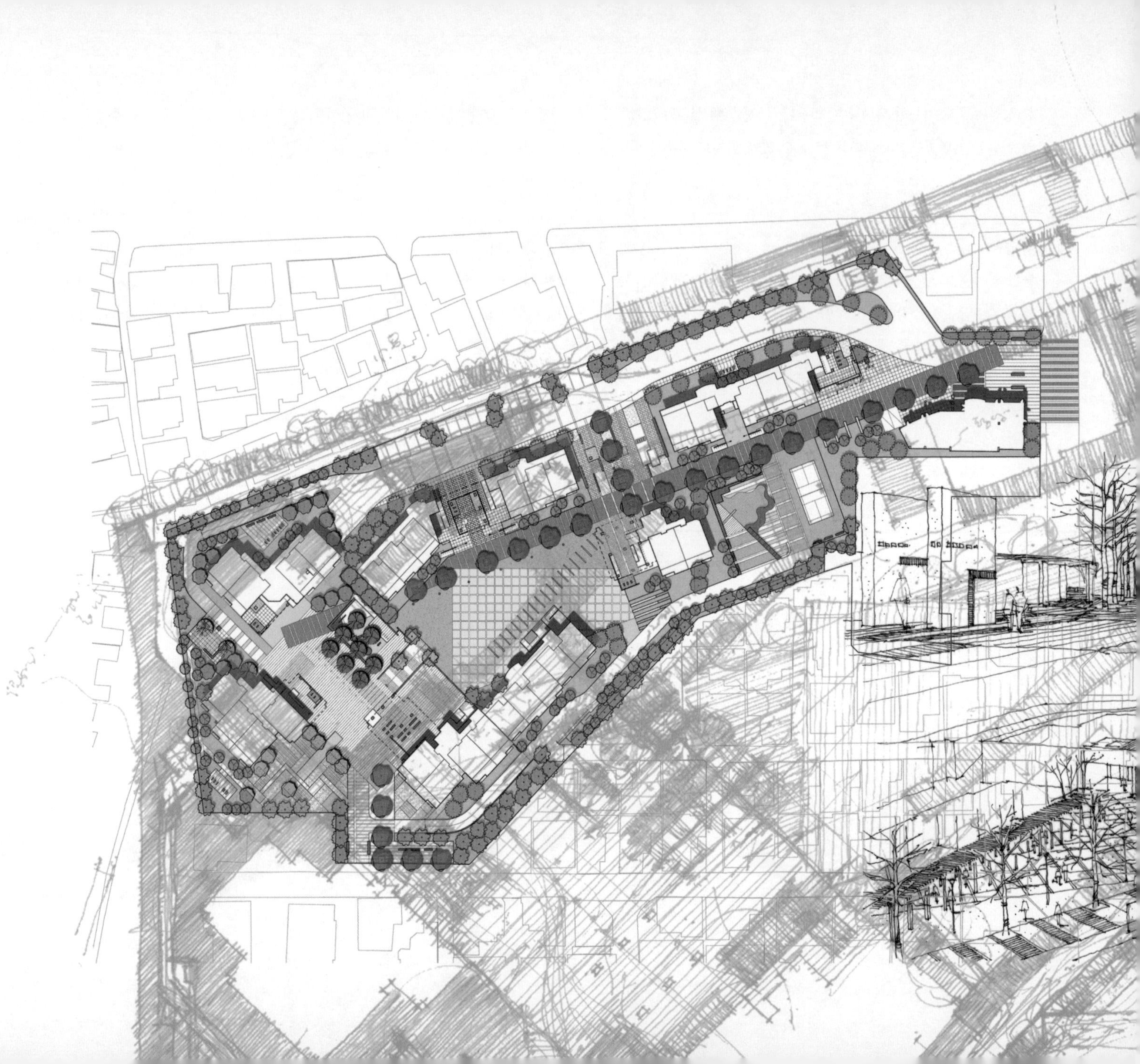

스며들기 _마을 속에 들어가기

부지는 기존의 사각으로 나뉜 필지가 만드는 도시 조각 속에 사선으로 박혀 있는 형상을 가진다. 그래서 새로 들어서는 단지가 기존 마을에 이질적인 단지로 들어가는 것이 아니라 자연스럽게 스며드는 형태를 갖게 하기 위해 주변의 형태적인 요소를 받아들여 부지 내부를 디자인 한다.

자기되기 _마을 속에 마을

아파트 단지는 마을 속에 있는 또 하나의 작은 마을이다. 초입의 진입광장과 마을을 관통하면서 각각의 공간을 연결하는 중앙가로, 마을의 중심에 놓여지는 두 개의 다른 성격을 가진 축제와 일상의 광장, 활동적인 공간으로 어린이놀이터와 배드민턴장, 두 개의 아름다운 정원으로 의자가 있는 어린연못 야생화원과 향기정원, 필로티를 이용한 처마마당 그리고 마을의 외곽으로 순환하며 운동시설을 연결하고 조깅트랙으로 이용되는 산책로.

하나되기 _마을로 어울리기

기존의 마을 속에 들어가는 아파트단지는 끊어진 길을 이어주고, 마을의 숲이 되고, 지역사회 활동의 중심이 됨으로써 마을 전체는 더욱 활기를 띄게 된다. 마을에 스며들어 전체 마을과 어우러지는 마을이 된다.

숨쉬는 단지 _숲

아파트단지는 마을 전체의 허파다.

부지 주변은 오래된 단독주택 밀집지구이며, 주변에 공원이 없다. 새로 들어설 아파트 단지는 단지 주민만을 위한 곳이 아니라 지구의 허파인 아마존 밀림과 같이 단지 주변을 감싸고 있는 마을에 푸르름과 맑은 공기를 제공하는 숲의 모습을 갖는다.

도시요소의 반영 _도시 속의 마을

아파트단지와 도시는 하나다.

개개의 집과 골목길이 모여 도시의 조각을 만든다. 이 도시를 이루는 조각들이 부지 주변을 감싸고 있다. 테니스장으로 비어있는 부지에 퍼즐을 맞추듯이 도시 조각들 다시 맞춘다. 여기에 마장로도 부지 안으로 끌어들이고 끊어진 골목길을 다시 잇는다. 이렇게 해서 아파트 단지와 마을_도시는 연계되고 새로운 관계를 만들게 된다.

도시|조각|그릇|흔적 관계|여백|풍경|하다

_서울시청앞광장 설계경기

2003. 01

+_追理

14,500.00m²

바람이 들어오고, 또 한줄기 빗방울이 떨어지는 곳에서 하늘이 저 멀리 내려앉는다. 우리들의 광장에는 언제나 무언가가 두런거리고, 한 때의 소란함이 휩쓸고 지나가면 광장은 덤덤히 그 모두를 담아내고는 이내 다시 침묵한다. 푸드득이던 한 무리의 새떼, 광장을 가로질러 가는 또 한 무리의 사람들. 그 빈 공간 위로 잠재되어 있는 무언가가, 무슨 일이 벌어지기를 꿈꾼다.

들어가는 글

'인간은 광장에 나서지 않고는 살지 못한다. 표범의 가죽으로 만든 징이 울리는 원시인의 광장으로부터 한 사회에 살면서 끝내 동료인 줄도 모르고 생활하는 현대적 산업구조의 미궁에 이르기까지 시대와 공간을 달리하는 수많은 광장이 있다.

그러면서도 한편으로 인간은 밀실로 물러서지 않고는 살지 못하는 동물이다. 혈거인의 동굴로부터 정신병원의 격리실에 이르기까지 시대와 공간을 달리하는 수많은 밀실이 있다.

사람들이 자기의 밀실로부터 광장으로 나오는 골목은 저마다 다르다. 광장에 이르는 골목은 무수히 많다. 그 곳에 이르는 길에서 거상의 자결을 목도한 사람도 있고 민들레 씨앗의 행방을 좇으면서 온 사람도 있다.

그가 밟아온 길은 그처럼 갖가지다. 어느 사람의 노정이 더 훌륭한가라느니 하는 소리는 아주 당치 않다. 거상의 자결을 다만 덩치 큰 구경거리로밖에는 느끼지 못한 바보도 있을 것이며 봄 들판에 부유하는 민들레 씨앗 속에 영원을 본 사람도 있다.

어떤 경로로 광장에 이르렀건 그 경로는 문제 될 것이 없다. 다만 그 길을 얼마나 열심히 보고 얼마나 열심히 사랑했느냐에 있다. 광장은 대중의 밀실이며 밀실은 개인의 광장이다.

인간을 이 두 가지 공간의 어느 한쪽에 가두어 버릴 때, 그는 살 수 없다. 그럴 때 광장에 폭동의 피가 흐르고 밀실에서 광란의 부르짖음이 새어 나온다. 우리는 분수가 터지는 밝은 햇빛 아래 뭇 꽃이 피고 영웅과 신들의 동상으로 치장이 된 광장에서 바다처럼 우람한 합창에 한몫 끼기를 원하며 그와 똑같은 진실로 개인의 일기장과 저녁에 벗어 놓은 채 새벽에 잊고 간 애인의 장갑이 얹힌 침대에 걸터 앉아서 광장을 잊어버릴 수 있는 시간을 원한다.'

– 최인훈의 '광장' 1961년판 서문 중에서

서구광장의 역사 일반

광장을 이야기하기 위해 서구 광장의 역사를 돌아보는 이유는 광장이란 바로 서구의 시민사회를 상징하는 가장 중요한 장소이기 때문이다. 광장은 아주 먼 예전부터 있었다. 그리스와 로마 시대에서 출발한 광장은 신들의 공간인 신전에 대한 인간의 공간으로 존재했다. 거기서 장이 서고, 토론이 벌어졌다. 그러나 그 광장은 모두를 위한 광장은 아니었다. 중세시대에도 광장은 삶의 일상을 담아내었지만 더 중요한 것은 교화와 징벌이 이루어지는 신과 권력을 위한 장소였다. 이런 서구에서 진정한 의미의 광장이 들어선 것은 시민혁명이 일어나 권력의 이동이 있은 뒤다. 광장을 둘러싼 사회와 권력의 변화는 짧은 우리의 역사에서도 극명하게 드러난다. 이제 저들의 광장에서 일시적인 조각이 들어서고, 한 때의 사람들이 몰려들고, 축제가 일어나고, 노숙자는 지친 몸을 가누고, 먼저 죽은 누군가를 추모하기 위해 집단의 슬픔을 나누고, 말없는 시위를 하거나 주체하지 못하는 기쁨을 함께 나누는 연대의 장으로서, 현대 도시의 가장 민주적인 장소를, 우리가 그토록 꿈꾸었던 장소를 말하려 한다. 여기서 우리는 형태가 아니라 그 내용으로 그들의 광장을 바라본다. 우리 안에 성숙한 시민 사회를 꿈꾸면서.

시청앞광장의 역사

시청앞광장은 우리의 아픈 역사와 함께 공간의 역사와 사건의 역사가 상호작용을 이루면서 만들어졌다. 일제 강점기 동안 형성된 광장은 경제개발의 가속화를 겪으면서 급격히 변모해 지금의 모습을 갖추게 되었다. 그것은 구체적인 공간의 개념으로 만들어진 장소이기보다는 도시 근대화 작업과 정치적인 이해가 만들어낸 수동적인 형태의 장소일 뿐이었다. 그리고 지금도 시청앞광장은 단지 교통섬으로 존재하는 광장이지 반세기 동안 우리가 꿈꾸던 광장은 아니다. 그러나 시청앞광장은 형태적인 공간의 모양새와 달리 내용에 있어서 서울의 그 어디, 세계 도시의 그 어디보다 명확한 근대 시민의 광장이었다. 삼일운동과 고종의 장례식, 해방정국 한 때, 한일수교반대시위, 사일구, 팔십년도 후반의 민주화투쟁까지 시청앞광장은 권력과 시민이 첨예하게 맞서는 긴장의 공간으로 존재해왔다. 언제나 가슴은 뜨거웠으나 우리는 그 무엇으로부터 무장해제 당하는 아픈 공간의 역사였다. 그러나 최근의 월드컵과 촛불시위를 겪으면서 시청앞광장은 새로운 역사를 쓰고 있다. 수평적 권력의 자장磁場이 펼쳐지는 장으로서 시청앞광장은 이전의 역사가 새겨놓은 것을 딛고 일어서는 새로운 장소로 태어나고 있는 순간이다. 무형의 역사적 가치를 고스란히 담아내는 살아 있는 공간으로서 존재하는 광장.

분석

서울에서 시청앞광장의 위치 _초기 한양의 도성계획에서 시청앞광장은 그 엄격한 체계 속에 있지 않았다. 그러나 근대화를 겪고 서울의 자장이 바뀌면서 시청은 이제 서울이다. 행정의 중심이 그러하고, 그 상징적인 쓰임이 또한 그러하다. 그러나 이 중심은 여전히 불완전하다. 그것은 전략적이지 못한 도심 개발 속에서 공간의 위계에서나 경관의 측면에서 중심에 합당한 어떤 의미도 세워놓지 않았기 때문이다.

광장 주변의 도시조각 _ 시청앞광장을 중심으로 살펴보는 도시조각은 서울의 여느 다른 곳에서 찾아볼 수 없는 독특한 무늬를 만들고 있다. 경복궁에서 숭례문으로 가는 중심가로에 면해 있으면서 조선왕조의 제일 마지막 상징인 원구단이 있고, 덕수궁이 있다. 광장을 중심으로 재외 공관들이 있고, 대규모호텔이 광장을 끼고 있다. 종교시설들이 있는가 하면 가장 상업적인 건물, 전통적인 번화가와 오래된 재래시장 그리고 언론사들이 모여있다.

주변의 문화적 거점 _ 덕수궁, 원구단, 경복궁, 사간동 화랑가, 세종문화회관, 시립미술관, 서울역사박물관, 경희궁터, 사직단, 보신각, 성공회성당, 명동성당, 피맛골, 호암아트홀, 성곡미술관, 일민미술관, 조선일보미술관, 교보문고, 영풍문고, 조계사, 인사동, 숭례문시장, 외국문화원, 정동극장, 세실극장, 로댕갤러리.

광장의 보행체계 _ 개발과정에서 도시는 사람이 아닌 자동차 중심의 길을 만들었고 사람들은 모든 불편을 개발의 수혜로 착각했다. 그래서 현재의 보행체계로 시청앞광장에 접근할 수 있는 길은 없다. 또 주변의 문화 거점을 원활하게 이어주는 보행체계가 만들어져 있지도 않다. 지하는 개발이 되었지만 지하와 지상의 연결은 계단으로만 이루어져 있다. 원구단은 숨통을 틔워놓았으나 여전히 접근하기 어렵다. 광장을 중심으로 이 모든 조각들은 각각의 섬으로 존재할 뿐이다.

광장의 경관 _ 광장은 고층건물로 거대한 장벽을 이루고 있다. 그 사이로 터져 있는 좁은 길을 따라 남산이 보이고 도시의 끝이 가물거린다. 태평로에 올라서면 광화문과 삼각산이 들어오고, 시청 정문에서는 남대문을 겨우 볼 수 있다. 그러나 무엇보다 중요한 것은 상대적으로 덕수궁 쪽으로 텅 비어있는 서울의 하늘을 바라볼 수 있다. 광장은 여기서 무한으로 확장된다.

해석

근대를 관통하면서 우리는 심한 굴절 속에서도 광속으로 내달았다. 역사와 사람의 변화는 공간의 변화로 이어졌고 서울은 그러한 변화의 전범이 된다. 시청앞광장은 이 변화의 중심에 있어왔다. 그것은 사건과 공간을 함께 아우르는 중심을 의미한다. 삼거리 또는 오거리로 존재하던 시절에서 조금씩 넓어지던 공간은 이제 수만 명을 수용하는 도시의 거대한 여백으로 존재하며 예견할 수 없는 사건을 기다리고 있다. 역사적 흔적이 남겨진 사이로 외국의 공관들이 밀집되어 있고, 전통적인 상권과 재개발에 의한 고층화가 동시에 이루어지기도 했다. 일상에서 광장은 사람들의 접근을 거부했으나 강압과 독재에 대항해서, 민주화의 열망 속에서 광장은 치열한 접경이었고, 공포이면서 동시에 유일하게 희망을 품을 수 있는 장소이기도 했다. 해서 우리는 번듯하게 꾸며진 광장이 아니라 그저 텅 비어 있는 것만으로 족한 그 정도의 공간을 꿈꾸었을 뿐 척박한 삶은 다른 꿈을 용납하지 않았다. 그러나 이제 우리는 그 무엇에 부럽지 않은 광장을 꿈꾼다. 억압과 밀실에서 벗어나 최인훈이 이야기하던 그 햇살 가득한 광장의 충만함으로 나올 수 있는 시대. 치열한 접경이 아니라 사람들이 어울려 무형의 문화를 만들어내고 함께 공감하며 슬퍼하고, 기뻐하며 때로 분노하고 고함칠 수 있는 자유의 장으로서 광장. 급속한 산업화와 도시화가 파편화된 개개인을 이야기하지만 인간은 언제고 혼자 떨어져서 사는 것이 아니라 더불어 있으면서 감정을 교류하는 무리였던 것이다. 가까운 축구 잔치의 열기가 그랬고 최근의 조용한 촛불시위가 연대의 세상을 이야기한다. 광장은 바로 이 사람과 사람의 만남을 주선하고, 차가운 잿빛의 도시와 인간을 조용히 쉬게 하는 숨통으로 다가왔다. 여기에 우리가 하는 설계는 사람과 사람을 만나게 해주고, 잊혀졌던 역사를 끌고 와 오늘에 되돌려주고, 다가올 미래를 넉넉히 담을 수 있는 공간을 만들라고 한다. 한 세기 동안 사건은 있으되 의미는 없는 곳에 장소의 의미를 새기고 그 모든 분절된 것들을 엮어서 하나가 되는 공간을 꿈꾸게 되었다. 억압과 배반의 접경이 아니라 그 모두를 넉넉히 포용할 수 있는 넓디넓은 곳은 마당이면서 벌판이고, 길이면서 그릇인 곳이다.

두 개의 포괄 개념

하나 _그릇

평소에는 비어있으나 무엇을 먹거나 마시기 위해 우리는 그릇을 이용한다. 그릇의 가치는 비어있음에 있다. 무엇이든지 담아낼 수 있는 그릇. 광장 또한 하나의 그릇이 아니겠는가. 부지에 거대한 그릇을 놓는다. 그리고 거기에 담겨질 것들을 상상한다. 광장을 구성하는 최소한의 시설물과 불확정적으로 들어오는 사람들, 그리고 하늘, 바람, 비 따위의 자연. 그리고 광장은 내면으로 도시를 담고 그 도시의 역사를 담아낸다. 그러나 무엇보다 이 텅 빈 공간에 우리들의 미래에 대한 꿈을 담아 놓기로 하자. 꽃무늬와 명문이 새겨진 조형적 상징으로서 분청사기 하나. 광장은 우리 꿈의 그릇이다.

둘 _과거의 질서를 받아들여 만들어진 중심 없는 중심이 새로운 질서를 만들다

시청을 중심으로 광장이 형성되는 것이 아니라 사대문 안 과거의 체계 속에 광장을 놓고 그 체계 안으로 시청이 들어오게 한다. 광장을 통해서 드러나는 이 체계는 주변에 새로운 질서를 부여하게 된다. 이렇게 공간의 관계 속에서 아무런 의미도 가지지 못하고 있는 광장을 역사적 그물망 속에 넣어두기 위하여 초기 한양도성계획과 경복궁의 위치를 놓았던 축을 가져온다. 광장과 그 주변을 가로지르는 여러 축을 광장으로 동시에 가져옴으로 해서 광장에 내적인 질서를 주기로 한다. 이 축들은 광장의 형태를 만들어 낸다. 또 다른 축은 시각의 통로를 만들고 나아가 동선으로 연결되기도 한다.

다섯 개의 핵심 개념

하나 _흔적

흔적은 역사가 남긴 발자취다. 광장의 역사는 사건의 역사에 다름 아니고 이때의 사건은 뜨거운 한 순간이나 쉽게 사라져 가는 무형의 것이다. 이 아픈 생채기의 역사와 감격의 역사를 비석에 명문을 새기듯 광장에 새기기로 한다. 한양의 축이 만든 벽을 따라 허공의 역사를 각인한다.

둘 _흐르는 하늘

광장이 숨겨놓고 있던 경관의 내적 요소를 끌어내서 그 경관적 가치를 부여하고, 새로운 바라봄을 만든다. 하늘을 향해 제사를 지내던 원구단을 통해 인간은 하늘과 소통을 한다. 이렇게 내려온 하늘은 광장을 가로질러 덕수궁으로 가고 광장에서 바라보는 덕수궁의 서녘으로 하늘은 올라간다. 서울의 도심에서 가장 넓게 서녘 하늘을 볼 수 있는 광장은 단순히 고정되어 있는 풍경으로서가 아니라 순환하는 구조를 가진 하늘로서 풍경을 만든다.

셋 _여백

여백은 비어있음을 말한다. 도시의 규모에서 끝없이 팽창해 가는 서울에 대한 여백의 공간으로 광장이 있다. 도시인들의 일상에서 광장은 하나의 휴식이 된다. 혼자 있어 외롭고, 함께 있어 든든한 광장은 비어있어 가능하다. 일상의 나날로 점철된 역사에서 광장은 하나의 마침표이며 반란의 장소다. 그 또한 역사의 비어있는 간극에서 가능하다.

넷 _하다

우리의 광장은 하나의 이름씨가 아니라 움직임과 에너지를 내포하는 다중의 움직씨로 규정되는 광장이어야 한다.

노래하다, 보다, 서다, 듣다, 어슬렁거리다, 꿈꾸다, 가로지르다, 보여주다, 앉다, 뛰다, 뛰어놀다, 소일하다, 맞다, 바람맞다, 외치다, 함께 하다, 걷다, 자다, 울다, 웃다, 두런거리다, 소곤거리다, 말하다, 떠들다, 먹다, 마시다, 바라보다, 환호하다……

다섯 _관계

광장은 사람과 사람을 이어준다. 광장은 사람과 도시를 이어준다. 광장은 파편화된 도시 조각들을 매개한다. 광장은 척박한 도시의 땅에서 인간과 자연을 연결시킨다. 과거의 흔적을 새기고 현재의 쓰임을 담으며 미래를 내포하는 광장은 분절된 시간을 회복한다. 이러한 관계를 회복시키는 매개공간으로서 광장은 서울에 대한 새로운 질서를 부여한다.

광장의 얼개

시청에서 덕수궁 담장 그리고 주변 건물의 외벽까지가 광장이 최대한 이용될 때의 확장된 규모가 된다. 그러나 평상시의 광장은 시청앞에서 주변의 차도까지 경계로 한정된다. 한정된 광장—계획부지—의 가운데로 하나의 경사진 판을 이루는 상징적인 그릇이 비스듬히 놓여있다. 전체적으로 비어있는 광장의 외곽으로 서비스 시설과 수목이 식재되면서 평상시의 완충역할을 한다. 사람들의 이동은 광장을 기준으로 지상과 지하 그리고 공중, 세 개의 층위로 진출이 일어난다.

동선체계

세 개의 층위를 가지는 광장의 동선은 지하도와 맞물려 광장의 네 귀퉁이에서 진입이 이루어진다. 특히 숭례문쪽의 진입은 상징가로의 성격을 띠면서 시선의 통로역할을 동시에 하고, 원구단과 광장의 연계는 단순히 시선의 연결을 넘어 부교를 통해서 실질적으로 이루어진다. 광장 내부에서 특별한 동선이 있을 수 없지만 대규모의 행사가 일어날 때 한정된 광장의 외곽은 집회와 충돌하지 않고 이동이 가능하도록 했다.

경관계획과 식재계획

식재는 광장과 주변의 주요 시설물을 가리지 않고 또 광장의 비어있음과 그 경관적 가치를 극대화할 수 있는 방향으로 경관계획과 맞물려서 식재를 하기로 한다. 우선 수종은 광장의 규모와 사람을 매개할 수 있는 덩어리감을 가지면서 높은 지하고로 시선을 방해하지 않는 대교목을 사용한다. 원구단 쪽을 틔워주면서 광장의 동쪽과 남쪽은 수목으로 주변의 건물이 일정하게 차폐되게 심어주고, 덕수궁 쪽은 시선의 연계를 위해 최대한 성기게 심어준다. 동시에 시청에서 숭례문과 시각 통로를 만들어주기 위해 광장 진입로를 따라 사선의 식재를 한다. 광장 안에서 시선은 주로 덕수궁의 서녘 하늘을 볼 수 있게 긴의자와 부교가 있는 동쪽에서 서쪽을 보도록 유도한다.

음악분수와 마른 못

분수는 있으되 대규모의 집회 때에 사람들의 움직임과 상충되지 않도록 계획의 방향을 잡았다. 그래서 수면을 드러내는 것이 아니라 바닥과 같은 높이의 스테인리스스틸 그릴 위로 물이 솟아오르도록 해 물이 솟구치지 않을 때에는 사람들이 자유롭게 지나다닐 수 있도록 한다. 오래도록 시청 앞의 분수를 기억하는 사람들을 위해 도로와 가까운 쪽에 자리를 잡았다. 광장의 형태적 지배요소인 축들이 만나는 사선 속에서 형태를 이끌어내었다.
광장의 중앙에는 평면에서는 느낄 수 없지만 약한 경사를 주어 비가 오면 중앙에 물이 고이도록 했다. 마른 못으로 이름 붙여진 이곳은 못은 아니지만 비가 왔을 때 빗물이 고여 주변을 비출 수 있는 거울이 되게 한다. 이것은 광장이 가진 숨어 있는 즐거운 경관요소가 된다.

조명계획

광장의 조명은 최소한으로 드러나지 않으면서 야간에 광장을 인식하고 나아가 밤의 광장이 주는 놀라운 풍경을 볼 수 있도록 계획했다. 밤하늘의 별이 바다 위에 비춰듯이 광장 전체가 빛의 바다가 되도록 경사져서 떠 있는 그릇에는 3미터50센티미터의 격자 간격으로 매립등을 설치한다. 이 격자의 빛은 필요할 때에는 다양한 형태를 만들어 낼 수도 있다.

바닥포장계획

바닥 자체가 도시의 이미지를 상징하는 엄격한 격자 속에서 광장을 가로지르는 축이 만드는 사선을 통해 때로 회화적이고, 때로 역동적인 광장이 되도록 한다. 숭례문 쪽으로 난 상징가로는 흔적의 벽과 함께 바닥에 문학에서 규정하고 있는 광장의 이야기를 음각한다. 재료는 전체적으로 격자의 모듈을 가지는 콘크리트피씨 판을 사용하면서 부분적으로 스테인리스스틸과 목재, 화강석을 사용한다.

프로그램

'[…]하다'. 기본적으로 광장에서는 무엇이든 할 수 있고, 아무런 제약도 없어야 한다. 광장의 이용에 대한 프로그램은 크게 일상과 대규모 집회의 두 부분으로 나누어지며, 특히 대규모 집회 때에는 시청의 전면이 영사막이 되어 시청의 건물 자체가 광장에 모인 군중과 하나가 될 수 있도록 한다.

공연하다 / 보다 / 모이다 / 지나가다…
솟구치다 / 보다 / 튀기다 / 시원하다…
기다리다 / 지나가다…
바라보다 / 쉬다 / 기다리다 / 마시다…
함께하다 / 보다 / 외치다 / 열광하다…
펄럭이다 / 놀라다 / 모이다…
진입하다 / 보다 / 바라보다 / 지나가다…
빠져나가다 / 바라보다 / 지나가다…

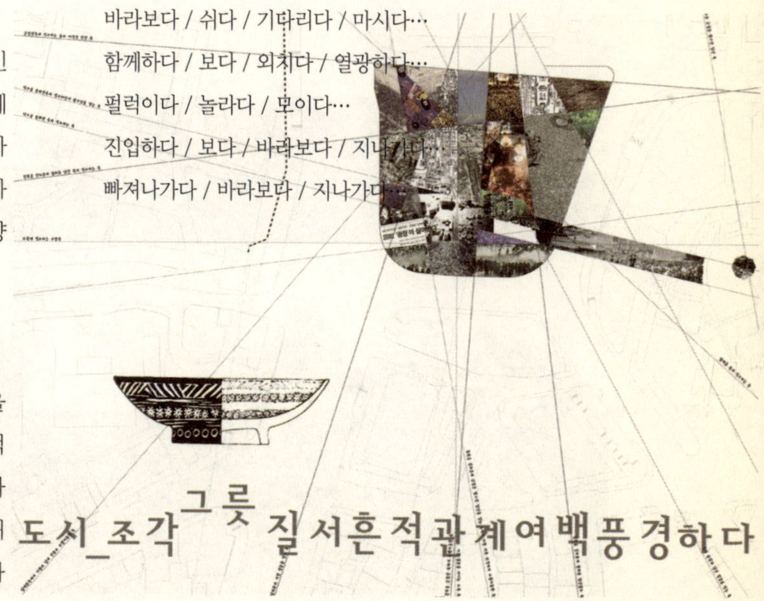

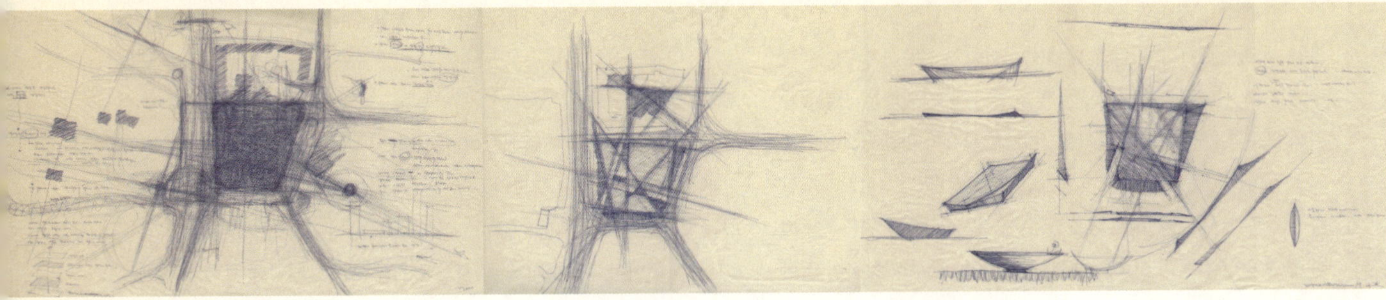

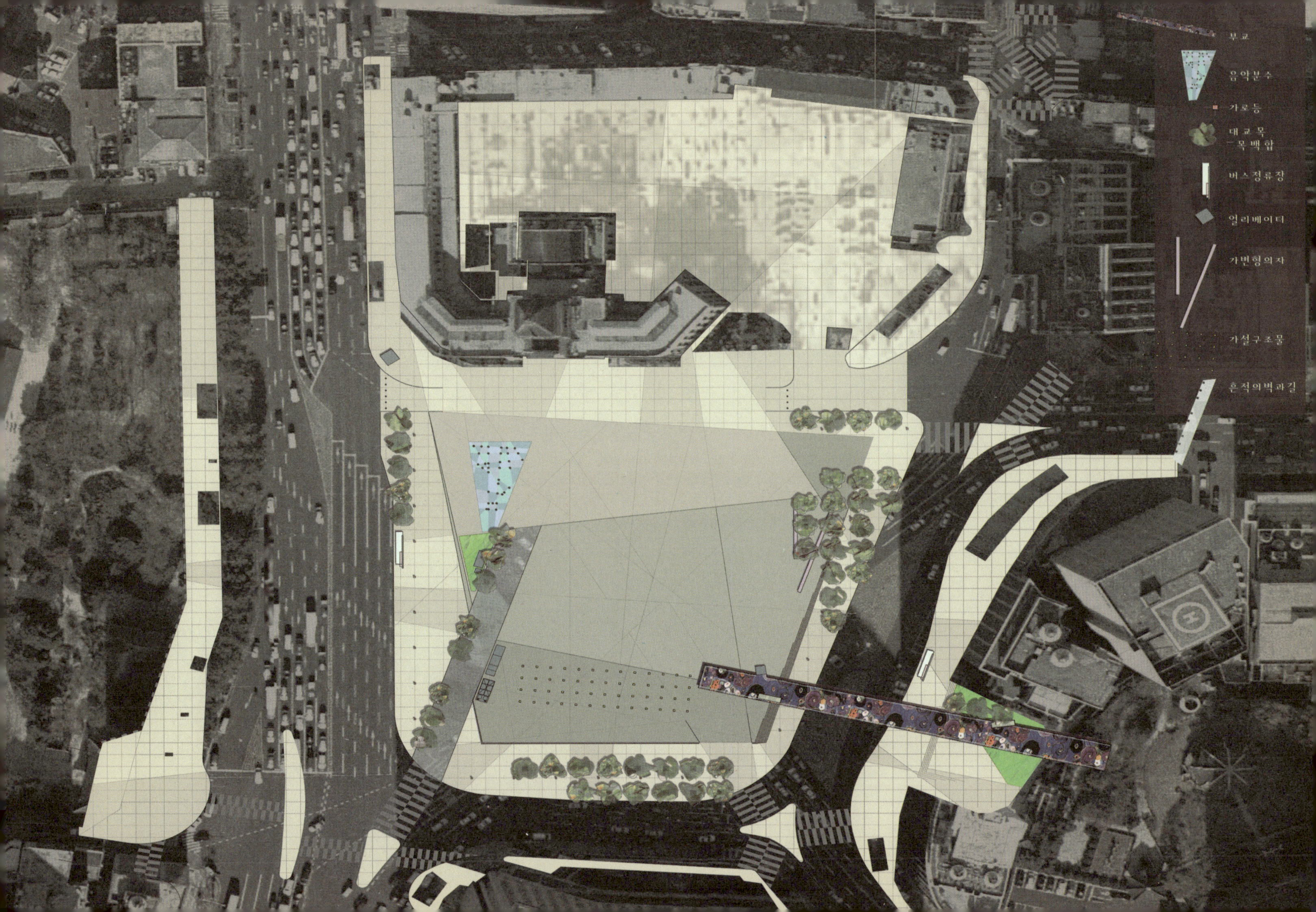
부교
음악분수
가로등
대교목
-목백합
버스정류장
엘리베이터
가변형의자
가설구조물
흔적의벽과길

2003-1997

정성훈의 건축실험_1997-1999

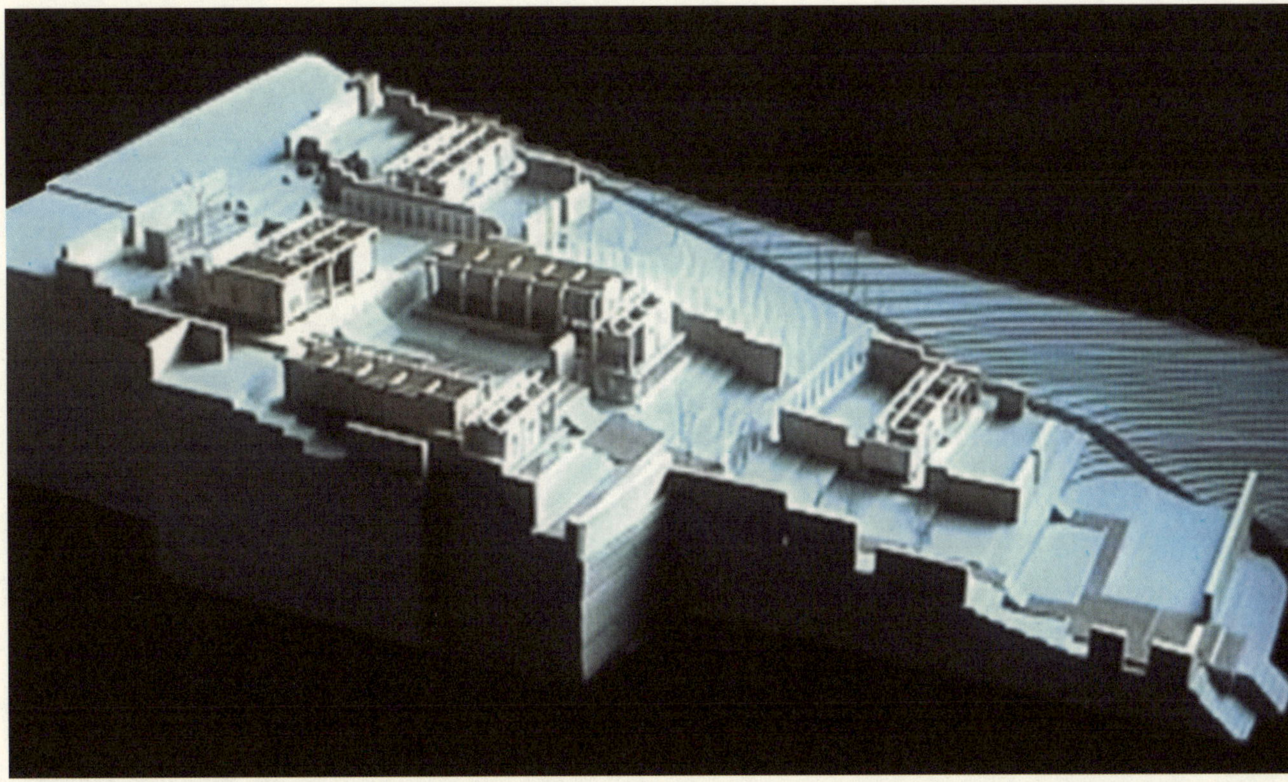

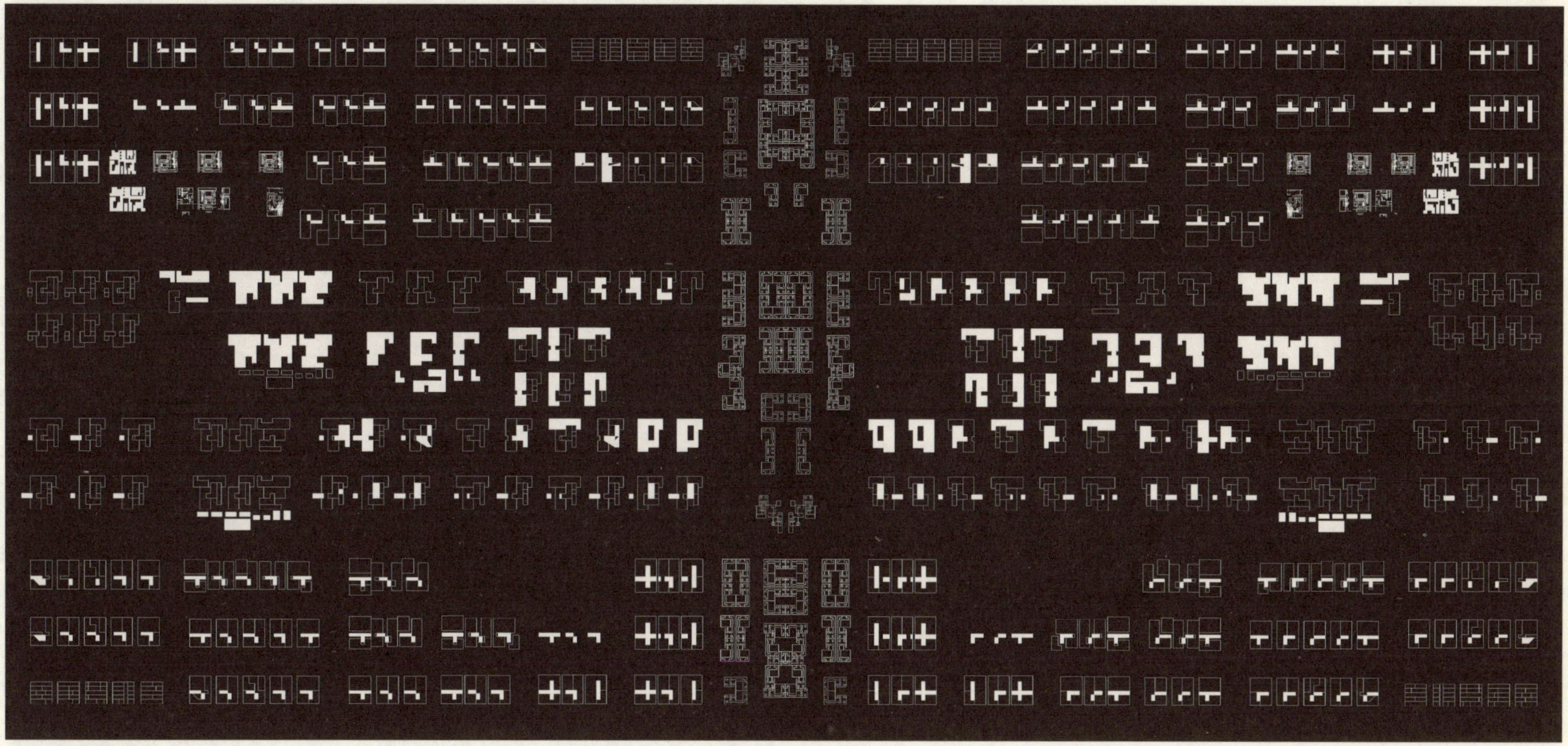

열린프로젝트02 청계천

2002. 05 - 2003. 10

+_최아현, 이진규, 윤호병
8.30km

웹 목차
http://www.ateliernamoo.com/openprojects/op2-ckc/op-ckc00.htm

두 번째 여는 글
청계천 _인터넷01
청계천 _청풍계
청계천 _인터넷02
청계천 _천변풍경
청계천 _역사…사진01
청계천 _잡지01
청계천 _인터넷03
청계천 _시
청계천 _일정
청계천 _청풍계를 찾아가다
청계천 _청계천을 따라가다01
청계천 _범위
청계천 _신문기사모음
청계천 _상상과 만나다
청계천 _청계천을 따라가다02
청계천 _청계천을 따라가다03_1
청계천 _청계천을 따라가다03_2
청계천 _청계천을 따라가다04
청계천 _청계천을 바라보다
청계천 _지도
청계천 _간극
청계고가조 사弔詞
나는 청계고가가 서울이라는 도시가 만들어낸 하나의 시詩가 되었으면 하고 바랬다.
함께하다 – 조경포럼에 마련된 게시판

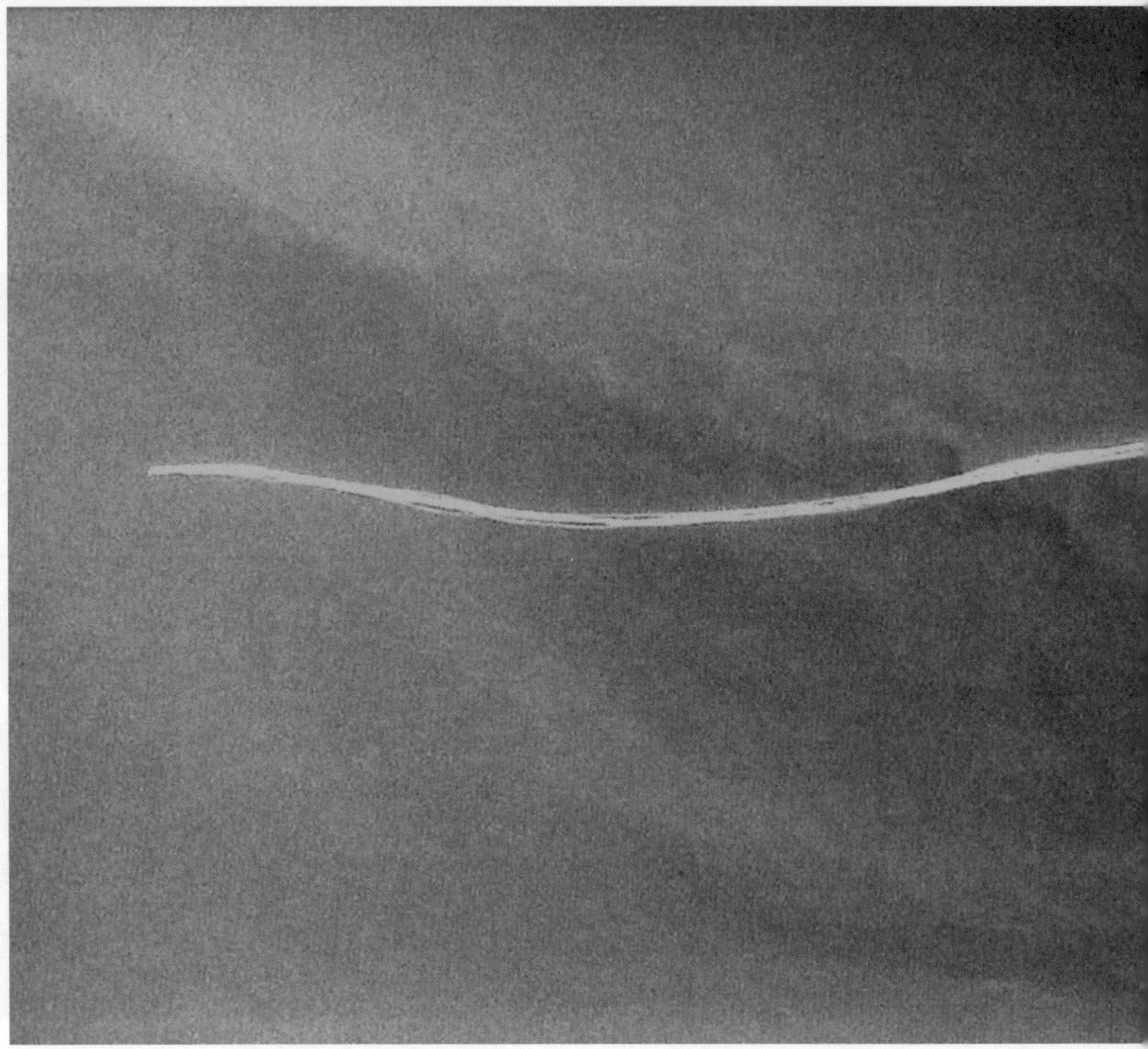

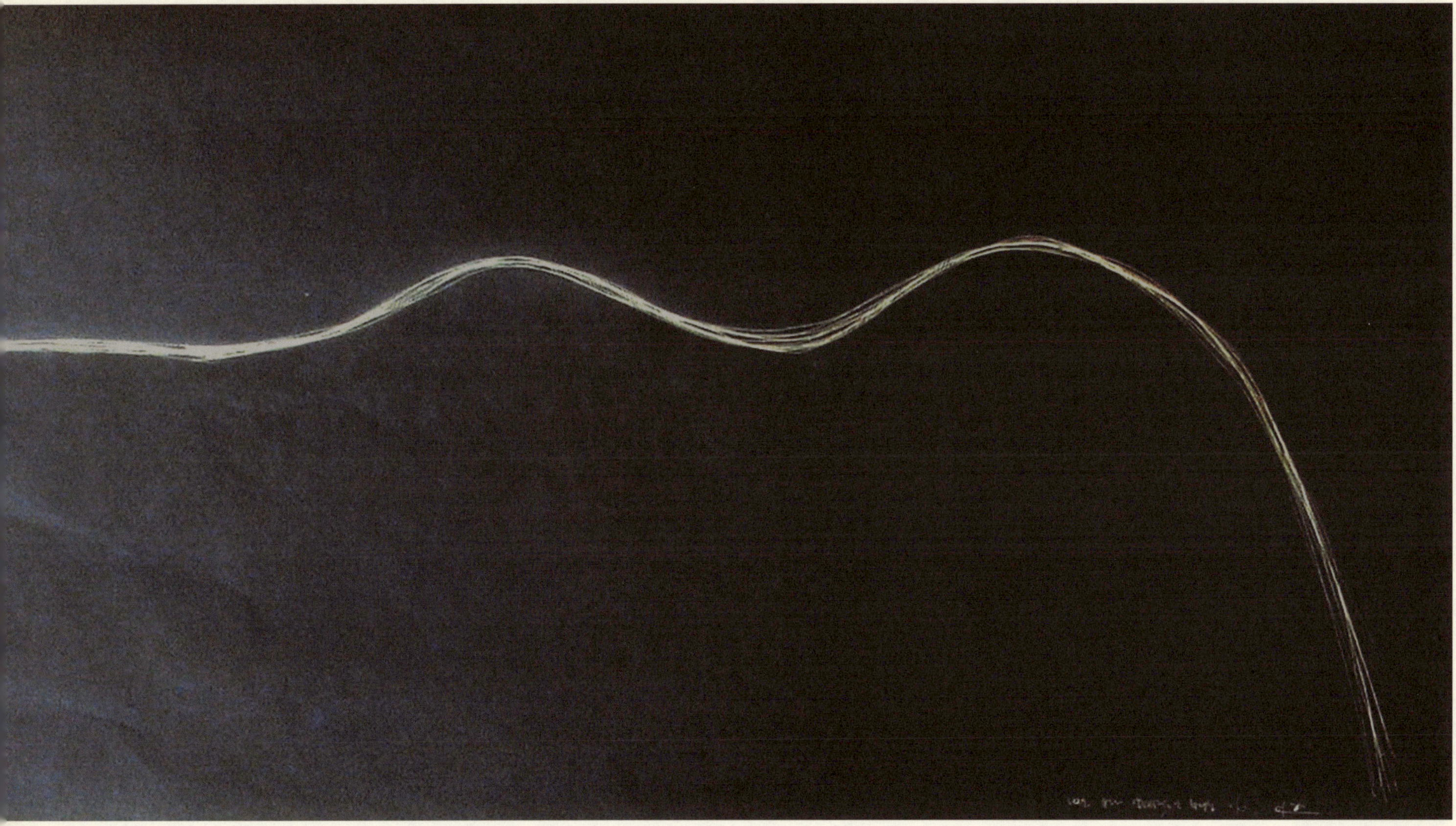

청계천을 따라가다 01 _열린프로젝트02 청계천

칠월 구일 화요일 아침 열시 세종로에 얼굴을 내밀고 있는 동아일보 사옥 앞에서 출발해 그 날 오후 네 시 반 청계팔가 황학동의 동쪽 경계까지 청계천을 따라, 정확히 청계천로를 따라 갔다왔다. 이러저러한 일로 청계천로 주변을 가로지르면서 부분으로 몇 블록쯤 지난 적은 있지만 이렇게 그 시작에서부터 일정구간을 따라서 아무런 목적 없이 걸었던 것은 처음이었다. 아직도 더운 해의 열기가 식을 줄 모르던 그 시간에 답사를 끝냈다고 함께 했던 사람들이 가족사진을 찍으며 마치 처음 간 이방의 도시를 돌아다니면서 받았던 그 어지럼증을 다시 느꼈다. 눈도 마음도 몹시 피곤했다. 어슬한 안목은 고사하고, 심한 갈증과 주체할 수 없는 피곤을 어떻게 설명할 수 있을까. 그날은 그랬다. 무엇 때문이었을까.

이미 우리는 인터넷이나 청계천에 관련된 책을 읽으면서 우리가 모르던 청계천에 대해 상당히 근접해가고 있었다고 느꼈다. 그리고 청계천은 오래 전부터 그 순수한 목적이 아니더라도 물건을 사거나 지나치면서 보아왔던 익숙한 서울의 한 장소가 아니었던가. 그러나 과연 그런가. 감히 이 짧은 답사를 통해서 청계천의 무엇을 이야기할 수 있다는 생각은 애초부터 없었다. 답사의 진짜 목적은 책이든, 매체든, 사진이든 그 무엇을 통해서도 느낄 수 없는 바로 그곳의 분위기를 온몸으로 느끼는 일일 뿐이지 않는가. 이방의 도시에서 느낀 피곤이 의미하는 것은 결국 자신에게 청계천은 생각 이상으로 버거웠고 낯설었다는 게 솔직한 고백이다. 압축된 시간의 흔적과 삶의 다양한 층위를 그저 한번 힐끗 보는 것만으로도 청계천은 우리의 모든 감각을 압도해버리는 만화경의 세계는 아닌가.

무교동으로 지칭되는 청계천로의 초입은 고층빌딩과 그 주변의 깔끔한—물론 상대적인 표현이지만—외부 공간을 이루고 있다. 고층빌딩, 녹지, 녹지 사이의 쉘터나 조각들 그러나 그 사이사이에 저층의 낡은 건물과 낙지집. 삼일빌딩에서 최근 새로 지어진 동아일보 사옥까지 길로만 놓고 보면 이곳은 종로나 을지로보다 더 번듯하게 세종로와 어울리는 길이다. 그만큼 과거의 기억은 지운 채로 살아가는 장소이기도 하다. 드문드문 보이는 외국부동산 회사가 관리하는 빌딩의 임대 현수막이 하늘 위에서 펄럭거린다. 제국의 침략은 벌써 한 세기 전부터 있어왔다.

예전의 장통교가 있었다던 그 사거리—장통교는 지금의 사거리 조금 못미쳐에 있었다—에 서면 고가도로가 빚어내는 신비로운 곡선을 만난다. 조국 근대화의 상징으로 손색이 없는 하늘길들. 하늘길의 어두운 그늘에서부터 우리가 보통 지칭하는 청계천이 참으로 시작된다. 사거리를 건너면 공구상가의 초입인 것이다. 그 전에 명동 쪽으로 고개를 돌리면 간신히 보이는 남산과 종로쪽을 돌아보면 허리우드 극장이 있는 낙원상가가 길을 막아선다.

청계천 공구상가가 있는 청계3가에서 배오개길까지 세운상가를 포함하는 지역은 지도를 놓고 보면 동서로 청계천로와 을지로를 주도로 하고 남북으로는 충무로까지 이어지는 세운상가 건물군이 뼈대를 이룬다. 작은 드라이버에서부터 플랜트까지, 양철통에서 반도체칩까지, 전단지에서 최고급 양장본의 미술서적까지 현대 산업사회의 하부구조를 이루는 생산의 전초기지 역할을 아직도 하고 있는 곳. 그리 넓지 않은 보도를 다시 삼등분해서 가운데로는 손수레가 지나가고, 그 양쪽으로 다시 물건을 늘어놓거나 짐을 부리는 곳. 작은 골목들이 잇대어 있고 그 안쪽으로 끝없이 이어져 있는 동종 업종의 상점들. 원색의 우산을 쓴 좌판들이 그늘을 만들어낸다. 육교상가를 청계천의 새로운 다리라고 이야기한 어느 책의 말이 실감난 것은 청계천로를 가로지르기 위한 지하도가 거기에는 하나도 없다는 사실을 아현 형이 일깨워주면서 이다. 그래 거기에는 지하도가 없었다.
평화시장의 낮고 긴 건물이 시작되는 훈련원로를 건너면 청계천로 주변은 의류와 거기에 딸린 부자재를 생산하고 판매하는 곳으로 바뀐다. 고가와 엇비슷한 높이를 이루면서 길게 늘어진 상가. 무표정한 이삼층의 건물과는 달리 도로와 면한 지상층은 헌책방과 운동용품, 모자집…… 물건만 바뀌었지 같은 형태와 행태의 삶이 있다. 동대문이 되찾은 흥인지문과 사라진 성벽에 대한 기억, 우리를 들뜨게 했던 고고야구의 산실 동대문야구장, 차범근이 뛰었던 축구장에서 밀리오레와 두타까지. 두산타워 건물에 올라가서 바라본 청계고가와 주변은 의지와 무질서, 변화와 욕구, 삶의 보이지 않는 질서와 치열함, 사소함과 강박관념, 흔적의 처절함과 방기放棄가 수없이 교차하고 날아가고 있었다.

청평화시장이 끝나고 성동기계공업고등학교가 시작되는 곳에서부터 우리가 말하는 황학동 만물시장이 시작된다. 황학동, 이제는 안쪽으로 재개발을 위해 헐리고 고가변으로 늘어섰던 삼일아파트 마저 텅 비어 있다. 단지 도로와 면한 일층만 한층 더 많은 사람들로 북적대면서 예의 그 고물들을 팔고 있다. 그래 인정해야겠지. 아직 우리는 문화적인 속된 말로 '쎄련된 제스처'를 취할 줄 모르지. 그러나 이 비좁고 어지러운 시장판에서 '걷고 싶은 거리'의 기괴한 조형물과 때 탈까 겁나서 걷기 민망한 길보다 훨씬 걷고 싶어진다. 왜냐하면 여긴 솔직하기 때문이다. 포르노테이프도, 찌그러진 냄비도, 중국에서 건너온 석조물도, 구형 전축도 여기서는 떳떳이 그 값을 한다. 그러나 청계8가, 우리가 이름하는 청계천로의 끝에서 청계천은 허물어지거나 새롭게 태어나려 하고 있었다. 복개를 걷어내는 이야기 이전에 삼일아파트는 벌써 그 수명을 다했나보다. 삶의 뿌리가 없는 지금 시점의 청계8가는 그만큼 슬퍼 보였다. 그 북적거리는 사람들 속에서.

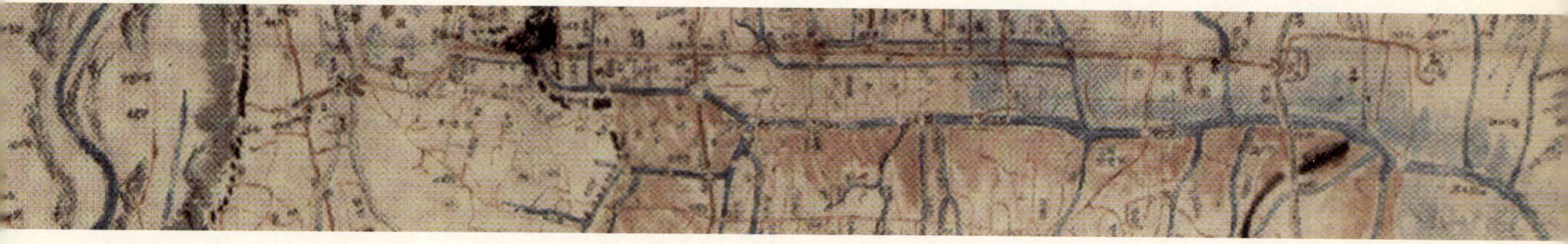

청계8가의 끝, 횡단보도를 건너면 상왕십리, 청계고가는 거기서도 한참을 더 가고 성동구청 앞에서 청계천은 그 모습을 다시 드러낼게다. 우리의 답사는 여기서 끝났다.

'청계천 – 잡지'에 올린 공간지의 예전 사진을 보면 이 지역을 새로운 건물로 채운 직후의 사진이 있다. 아무도 없는 텅 빈 가로가 나온다. 그 당시의 사진과 다르게 도로에 면한 청계천로의 모습은 단지 겉으로 드러나는 길의 모습이 아니다. 아직도 과거 길의 형태를 유지하고 있는 좁은 골목을 따라 들어가면 거기에 청계천의 살과 피가 흐르고 있다. 복개를 하고, 고가를 세우던 사람들이 계산에 넣지 않았던 그리고 전혀 다른 방식으로 접근해 들어간 공간계획이 이루어져왔던 것이다. 좀 거친 비난이기는 하지만 그 당시 계획을 했던 계획가나 행정가들은 사람이 안중에 있지는 않아 보인다. 더욱이 그 낱낱의 사람이 만들어내는 삶의 모습 따위는 더욱 그러하다. 그러나 삼십 여년이 지났다고 해서 그닥 이 사회가 진보되어 보이지 않는다. 하나 더 덧붙여졌다면 환경이라는 미명하에 나무나 특별한 코디가 걸러준 정수기의 물이 거기 들어갈 뿐 여전히 사람은 안중에도 없다. 왜냐하면 그 사람은 행정 편의와 기업의 자본 논리에 하등 도움이 되지 않는 사람들이기 때문이다. 헐리우드 세트장 같은 신도시를 아무런 죄책감 없이 만들어 내거나, 가든이란 이름의 고기집 같은 아파트단지를 만들고, 전혀 걷고 싶지 않은 걷고 싶은 거리를 만들어내고 있는 안목으로 청계천은 무엇이 되고 싶을까.

고릴라야 고릴라야 너는 무엇이 되고 싶니? 토끼처럼 눈이 빨갛지 않고, 사자처럼 무섭지 않고, 뱀처럼 미끈거리지 않고, 참새처럼 작지 않은 내가 되고 싶어요. 수리수리 마수리 어수리 사하바~ 마법사는 고릴라를 무엇으로 만들었던가?

2002 0723

상상과 만나다 _열린프로젝트02 청계천

1

우리는 청풍계를 시작으로 지금의 청계천을 지나고 있다. 현재에서 시작해 과거로 가고 다시 현재로 내려오는 길. 그 길 가운데서 우리를 둘러싼 주변 풍경을 다시 내려다본다. 지하를 관통해 가는 하수관과 상수관, 공동구 그리고 청계천, 그 위에 복개된 도로. 도로 위에 고가. 이 길 양쪽으로 이어지는 건물들, 때론 높게 때론 길게. 그 사이를 메우고 있는 사람들. 멀리 이 모두를 둘러싸고 있는 산. 알처럼 대지를 덮고 있는 검은 공기. 보이지 않는 우리의 청계천은 서울의 어디에 숨어 있는가.

서울 20세기 공간변천사, 김광중, 손세관, 손정목, 윤일성, 윤철환, 이규목, 이기석, 이혜은, 최상철, 황기원, 시정개발연구원, 2001 이라는 책이 있다. 육백 쪽을 훌쩍 넘겨버리는 검은 표지의 두툼한 책. 서울은 만만한 도시가 아니다. 우선 그 역사가 그러하고, 20세기를 겪으면서 간단하지 않은 우리의 근현대사가 고스란히 각인되어 있어서 더욱 그러하다. 유년의 서울에 대한 단편적인 기억으로 내가 이야기할 수 있는 것은 아무 것도 없다. 그러나 책을 덮으면서 '그래서 청계천을 어쩌겠다는 것인가' 라고 물으면 더욱 난감해진다. 다시 청계천을 지운다. 그리고 나서 본다. 미아리고개 넘어가며 처녀보살에게 물어본다. '지금 우리는 어디로 가고 있는 건가요.' 보살 말없이 미소 지으며 복채를 내라고 손을 내민다. 차라리 처녀보살의 기둥서방이나 될 걸. 낯선 곳으로 간다. 가상의 공간, 미래로 상정된 시간. 거기 청계천이 있을 리 만무하지만 그래도 간다. 공상과학 영화—정확히 말하면 미래를 시점으로 이야기하는 영화—와 청계천을 놓고 연상의 회로를 따라 이리저리 옮겨 다닌다. 마치 네트워크를 타고 굴러다니는 바이러스 같다. 누구? 나 아니 지금 접속하고 있는 너.

2

시간

"나는 무엇보다도 시간이라는 문제만큼 그를 초조하게 만들고 고뇌하도록 만든 문제가 없었다는 것을 알고 있습니다. 그런데 바로 이 시간이 '끝없이 두 갈래로 갈라지는 길들이 있는 정원' 이라는 소설에서 다루어지지 않고 있는 '유일한' 개념이라는 데에 문제가 있습니다. 심지어 그는 '시간' 을 뜻하는 유사한 단어조차 쓰지 않고 있습니다.

…… 바로 그렇습니다—알버트가 말했다— '끝없이 두 갈래로 갈라지는 길들이 있는 정원' 은, 그것의 해답이 시간인 하나의 거대한 수수께끼, 또는 우화인 거지요. …… '끝없이 두 갈래로 갈라지는 길들이 있는 정원' 은 우주에 대한 하나의 이미지입니다. …… 그는 시간의 무한한 연속들, 눈이 핑핑 돌 정도로 어지럽게 증식되는, 분산되고 수렴되고 평형을 이루는 시간들의 그물을 믿으셨던 거지요. 서로 접근하기도 하고, 서로 갈라지기도 하고, 서로 단절되기도 하고, 또는 수백 년 동안 서로에 대해 알지 못하기도 하는 시간의 구조는 모든 가능성을 포괄하게 되지요. 우리는 이 시간의 일부분 속에서만 존재합니다. 다른 어떤 시간 속에서 당신은 존재하지만 나는 존재하지 않습니다. 다른 어떤 시간 속에서 나는 존재하지만 당신은 그렇지 않습니다. 또 다른 시간의 경우 우리 두 사람이 함께 존재합니다. …… 또 다른 시간에 나는 지금과 같은 똑같은 말을 하지만, 나는 하나의 실수이고, 유령일 겁니다.

– 호르헤 루이스 보르헤스, 보르헤스 전집2: 픽션들 중에서 '끝없이 두 갈래로 갈라지는 길들이 있는 정원,' 황병하 옮김, 민음사, 163-165쪽

보르헤스의 소설이 새로운 소설의 형식과 내용을 담고 있는지 어떤지는 잘 알지 못한다. 그러나 적어도 이 단편 소설에서 이야기하는 시간에 대한 인식과 그것을 통해서 그려내고 있는 소설은 분명 지금까지 우리가 알았던 절대적이고 고정되어 있는 시

간의 가치와 다른 것이다. 그리고 이 다른 시간의 개념은 벌써 우리의 일상에 깊이 파고들어 있다. 상대적이면서 끝없이 순환하고 있는 시간의 개념이 의미하는 것은 새로운 가치에 대한 서로 다른 차원의 전개이다. 현재를 살고 있는 우리가 과연 어떻게 미래를 예견할 수 있을까. 이 불가능한 한계에 맞서서 청계천을 향해 내놓을 수 있는 시간이란 무엇일까. 끊임없이 자기 증식되고, 어떤 결말도 없는 열려 있는 상태로서, 그러나 현재의 한계 안에서 규정되고, 그 규정을 토대로 뻗어나갈 수 있는 시간의 길. 과거와 현재가 공존하면서 미래가 내포되어 있는. 이 과거와 현재의 간극 사이에 어떤 균열을 만들고 그 균열 속에 또 다른 차원의 시간이 삽입되어 있는 형태. 존재하는 청계천과 존재하지 않는 청계천의 역사가 함께 흘러가는 그리고 다가올 앞으로의 청계천이 덧씌워질 수 있는 시간의 층과 간극이 몸을 입고 있는 형태. 그것은 무엇인가.

물

물이 흘러간다. 흘러가는 것이 보이는 게 아니라 물 위의 나뭇잎이 미끄러지고, 물 속의 수초가 한 방향으로 하늘거린다. 물이 흐른다. 그리고 물을 내려다본다. 비가 내리고 탁자 위의 커피에 물이 고인다. 타르코프스키의 영화 '솔라리스(1972)'는 그렇게 시작된다. 그리고 주인공인 크리스 켈빈은 솔라리스 혹성의 바다—우리가 '바다'라고 발음하는 순간 그것은 물과 같은 유동적인 공간을 상정하고 있는 게 아닌가—로 간다. 문승옥의 '나비(2001)'에서 그녀 안나와 유키가 수영장의 물 속에서 노는 장면이 나온다. 투명하게 파란 색을 띤 물질 속에서 그들은 행복해 보인다. 그리고 그들은 유키의 출산을 위해 바다로 갔다. 영화는 계속 산성비가 내렸다. 리들리 스콧의 '서기 2019 블레이드 러너(1982)'에서도 마찬가지다. 추적거리는 비가 나중에는 하나의 풍경으로 빛이 가득한 낮이거나 어두운 밤처럼 자연스럽게 느껴진다. 오시이 마모루의 '공각기동대(1995)'에서 사이버그인 쿠사나기는 노는 날이면 물 속에 들어간다. 그 물 속에서 알 수 없는 이쪽과 저쪽의 경계에 놓여있는 자신을 본다. 유동적이며 형체도 없는 것. 흐르거나 고여 있거나, 날라가거나 얼어버리거나, 다시 떨어지거나 스며드는 것. 한 방울에서 바다까지. 그 속으로 들어가거나 내 안으로 집어넣거나. 어머니이거나 아기거나 한 것. 정화淨化이거나 오염汚染인 것. 아무것도 아니면서 오랜 동안 가장 성스러운 무엇이었던 것. 문명의 시작이거나 문명의 폐허인 것. 물로서 그들의 죄과를 씻고, 물로서 새로운 문명을 일구겠다는 또 다른 욕망. 프리츠 랑의 '메트로폴리스(1927)'에서 물은 이 욕망의 파국을 의미며 도시를 덮친다. 우리 이야기의 시작은 물 그 자체인가 아니면 물이 흘러가는 그곳인가 또 아니면 물길을 되살리는 행위 자체인가. 물은 그들의 마음을 비춰주는 거울이거나 상징적인 무엇이기도 하고, 그들의 생각을 영글게 하는 어떤 장소이기도 하다. 또 물은 배경이기도 하고, 상황이기도 하다. 언제고 비는 내리지만 끊임없이 내리는 비는 대지 위에 쌓여진 인류가 아픈 것. 미야자끼 하야오의 '천공의 성 라퓨타(1986)'에 나오는 라퓨타 성의 맑고 투명한 수로. 결국 그것은 이상향일 것이다. 인류가 오랫동안 꿈꾸어온 자신의 영역 안에 가두어 담고 싶었던 물. 자궁의 양수 속에서 놀던 어린 시절의 기억. 그 선험적 기억을 떠올릴 수 있는 사람은 아무도 없지만 왜 물은 우리에게 공포의 대상이며 동시에 가장 평화로운 곳인가. 우리가 흘려보내려 하는 물은 과연 어떤 물인가. 왜 물이어야 하는가.

도시

'메트로폴리스'에서 하급 노동자들은 지하 도시에 살면서 지상의 도시를 움직이는 기계 메카니즘의 부속품일 뿐이다. 테리 길리엄의 '브라질(1985)'에서 보여주고 있는 도시는 관료주의와 정보 메카니즘이 반체제적인 사람들을 격리시키는 곳이다. 카프카의 성과 같은 음습하고 폭력적인 공간이다. '블레이드러너'나 '공각기동대'에서 보여주는 낡고 더러운 뒷골목의 누추함. 사이버그 인간이 함께 살고, 우주 식민지와 네트워크가 세상을 든든하게 이어주는 세계에서 도시는 왜 조금도 나아지지 않았는가. 통제를 벗어난 마천루의 높이가 만드는 짙고 깊은 그늘. 밝음의 이면에 드리운 어두운 그늘, 이 영화들과 상반된 자리에 피터첨의 '이온플럭스(1995)'를 놓는다. 외형상으로만 그렇다. 장막으로 나누어진 두 개의 도시. 트레비가 지배하는 구축된 도시 이면에 숨어있는 폭력의 지배. 이제 도시는 지상에서 가장 위험한 장소가 되었다. 언제 질주할지 모르는 사이렌 소리, 만성적인 정체, 하늘을 가로막는 고층건물들, 길거리마다 널려있는 음식물 쓰레

기통, 통제의 범위를 넘어선 상하수관, 공동화되어 있는 도시의 블럭들, 그 무엇보다 위협적인 관료주의와 행정편의를 위해 계획하고 만들어진 도시와 그 개발 정책. 그것은 우리가 몸담고 있는 삶을 송두리째 뒤흔들면서 자본의 이익에만 충실한 계획도시를 실현한다. 그 속에서 사람들은 더욱 아귀처럼 자기 몫을 위해 몸부림쳐야 하고 쉽게 보도블럭을 들거나 '결사항전'을 머리에 두른다. 우리가 살고 있는 지금의 서울이 그것과 다른 것이라고 부인할 수 있을까. 인간의 삶을 이상적이고 안전하게 담기 위해서 만들어진 도시 또는 자연 발생으로 인간의 삶이 덧붙여서 만들어진 도시. 그러나 이제 도시는 그런 책에서나 볼 수 있는 도시가 아니다. 성벽은 오래전에 파괴됐고, 인간의 흔적을 지우고 역사되지 않는 투명한 유리로 이쪽과 저쪽을 나눈다. 강 이쪽과 강 저쪽은 단지 다리를 통해서만 건널 수 있다. 아이들은 투우를 구경하기 위해 붉은 옷을 입고, 거리 곳곳의 거대한 모니터를 보면서 열광한다. 이십사시간, 삼백육십오일 발광하는 모니터는 빅브라더처럼 우리를 내려다보고 세뇌시킨다. 공간의 위계를 통한 통제는 점점 더해지고 개개의 삶은 더욱 비천해질 뿐이다. 거기에 만들어지는 수초 하늘거리고, 잠자리 날고, 자연석 지극히·자연스럽게 중간 중간 철쭉이나 회양목도 박아넣은 개천을 보면서 물방개 잡고, 멱도 감으면서 누렇게 뜬 얼굴로 우리는 행복해질 수 있나. 청계천은 이 도시에서 무엇이어야 하는가. 통제와 시장경제를 통한 자연스러운 배제 속에서, 유리되어가는 삶과 공간 사이에서 과연 청계천은 우리에게 희망일 수 있을까. 청계천으로 인해 우리는 서울을 다시 이야기할 수 있을까.

질주

'속도etc의통제예컨대광선은매초당300000킬로미터 달아나는것이확실하다면사람의발명은매초당600000킬로미터 달아날수없다는법은물론없다.그것을기십배기백배기천배기만배기억배기조배하면사람은수십년수백년수천년수만년수억년수조년의태고의사실이보여질것아닌가……'

– 이상, 삼차각설계도: 선에관한각서1, 이상시전집, 문장, 1981, 181쪽

20세기 초반 어느 불가해한 시인은 이 새로운 세기의 질주를 예감했던가. 공간과 시간을 가늠하는 척도로서 질주는 20세기의 화두였고, 변방의 기마민족은 속도에 열광했다. 시간을 가로지르고, 공간을 건너뛴 질주는 아직도 멈추질 않는다. 가속의 움직임 속에서 온 무중력 상태. 질주 이외에는 아무 것도 존재하는 않는 공간. 이제 걷기를 끝내고 1Mbps의 속도로 공간 이동이 가능하다면 무엇을 할 수 있을까. 남겨진 아무 것도 없으면서, 기억할 무엇도 가지고 있지 않으면서, 어디로 가고 있는지 알 수 없으면서, 시공을 넘나드는 움직임 속에서 우리는 무엇인가.

기억 또는 거역

'나비'에서 안나는 자신의 기억을 지우고 싶었다. 나비가 인도하는 곳을 따라가면 망각의 바이러스를 통해 과거의 악몽을 지울 수 있으리라 믿었다. 그러나 그 기억 회로 같은 여정 속에서 그녀가 만난 것은 자신의 잊고 싶은 기억을 사랑하는 어진 유키였다. '블레이드러너'의 레이첼은 누군가의 기억이 이식되어 있었다. 이 기억이 사이버그의 일반적인 삶을 거역하게 만들었다고 나는 생각했다. 우리는 기억의 흔적을 거역할 수 있는가. 그것은 완전히 지워질 수 있는가. 인간의 형상을 한 그것들은 왜 기억에 집착하는가. 만약 가능하다면 우리는 우리의

과거를 완전히 말소하거나 고스란히 되돌릴 수 있을까. '솔라리스' 에서 행성 솔라리스는 상대의 기억 안에 있는 사람을 중성자로 만들어 낸다. 가장 고통스럽고 내밀한 의식 안의 그 기억이 구체적인 무엇으로 만들어져서 스스로 사고하는 동안 상대인 나도 변하고 행성도 변해간다. 이것은 또 무엇을 말하는가. 우리는 모든 것을 기억할 수 있다고 말하지만 우리가 하는 기억의 대부분은 기억에 대한 거역의 산물일 뿐이다. 사실 기억의 흔적을 남겨두는가 안 남겨두는가는 중요한 일이 아닐지 모른다. 기억의 동기가 될 수 있는 모든 것들을 지워버린 채 새로 쓰기에 골몰했던 이십세기 후반의 한 문화사회집단이 가지고 있는 한계라면 결국 아무도 기억하지 못하는 기억의 원형을 복제품으로 만들어 기억의 역사를 새로 쓰고자 하는 욕망이 아닐까. 왜냐하면 이 기억이란 한 개체의 정체성을 담보할 수 있는 가장 중요한 것이기 때문이다. 온전한 자신만의 기억 또는 과거를 소유하고 있음으로 해서 가지게 되는 현재의 정당성과 미래에 대한 선점. 그러나 착각.

공포

'블레이드러너' 의 마지막 장면에 넥서스인 로이가 죽어가면서 데커드에게 말한다.

"I' ve seen things you people wouldn' t believe. Attack ships on fire off the shoulder of Orion. I watched c-beams glitter in the dark near Tanhauser Gate. All those moments will be lost in time like tears in rain. Time to die."

사실은 자신에게 찾아 온 죽음을 받아들이는 독백일지도 모른다고 생각했다. 이 장면을 볼 때마다 나는 프린스Prince의 주홍빛 비purple rain를 떠올리곤 한다. 아마 그 앨범에 들어 있는 비둘기라는 제목의 또 다른 노래가 죽어가고 있는 비둘기 빛깔의 머리를 한 루커드 하워드와 가슴에 안고 있던 비둘기가 푸드덕거리는 장면에서 여느 비와 다른 색의 비를 연상시키게 했던가. 건물 옥상, 매연에 가득 찬 지구의 하늘과 추적거리는 빗속에서 이 인조 인간이 그를 만들어낸 인간이 결코 볼 수 없는 우주의 아름다운 풍경을 읊조리는 모습. 몇 주 째 비가 내린다. 세운상가 건물의 옥상으로 나가는 문은 잠겨 있었다. 세운청계상가 이층 데크에서 주변을 본다. 시한부 인생을 살던 그는 죽음의 공포 속에서 자신의 창조주를 제 손으로 죽이고 자신조차 빗속의 눈물이 된다. 이제 이해하겠다. 그가 왜 자신의 아비를 죽였는지. 비를 막기 위해 비닐로 감싸놓은 지붕들 멀리 장막처럼 드리워진 고층빌딩들. 비가 그치지 않는다. 태어나지 말았어야 했다.

3

거의 한 달이 되어간다. 낙관적 전망이 아니라면 우리의 이야기는 무의미한 것이 아닌가. 두렵다. 미래를 보고 싶다는 욕심이었는지 모른다. 그러나 미래가 꼭 그렇게 되리라는 생각은 아니었다. 단지 미래의 시점에서 무슨 이야기를 풀어나가기 시작할 때 그들은 어떤 환경 내지는 공간에서 그 이야기를 시작할까, 가 궁금했다. 만약 환경이 우리를 지배는 아니라 하더라도 삶의 방식에 어떠한 형태로든 영향을 끼친다면 아니면 역으로 우리 삶의 모습이 바로 환경을 통해서 그 무엇보다 극명하게 드러나는 것이라면 결국 미래를 시점으로 하는 영화에서 보이는 공간—그 몽상적인 분위기에 휩싸이는 것까지—이란 미래라는 시간의 극한 상황에 자신을 놓고 현재의 문제를 이야기하기 위한 방법적 서술이 아닌가.

2002 0830

청계천을 바라보다 _열린프로젝트02 청계천

좌표 _지금, 여기에 서 있다

서력 이천이년 시월 스무 하루. 날 흐리고 가는 비 내림. 추색秋色이 완연한 가을 한 가운데, 서울. 고개를 돌려본다. 서울은 처음부터 계획과 반계획, 정치와 일상, 가진 자와 없는 자, 의미와 실존, 폭력과 생존, 권력과 민중 사이의 갈등이 정반합을 이루는 도시다. 도읍이 정해지면서부터 그것은 숙명과 같은 것이었다. 땅이 가진 지형 위에 정치적인 그림이 그려지고 다시 그 행간을 촘촘히 메우는 민초들의 처절한 삶이 각인되어 왔고, 지금 이 순간에도 쓰여지는 도시다. 지금 우리는 그 위에 새로운 도시 판짜기를 실행하고 있는 자본의 논리 앞에 서 있다. 그깟 공약이 문제가 아니라 그 공약의 내부에 숨어 있는 거대 자본의 보이지 않는 환호와 지지를 아름다운 말과 뚜렷한 명분 속에 망각하고 있다. 이미 모든 물길은 은폐되거나 막혀있고, 도읍을 둘러싸던 산은 인간의 욕망이 막아서고, 거리에서 잠시 넋을 놓으면 아무도 그의 안부를 물을 수 없다. 아이들은 골목에서 놀 수 없고, 놀이터에는 아이들이 없다. 검은 스모그가 껴안듯이 도시의 대기를 품어 안고 있고, 터널을 통과할 때는 창문을 닫으라는 안내방송을 들어야 한다. 노숙자는 늘어나지만 빌딩은 더 높이 올라가고 그늘은 더 짙다. 모든 예술은 반경 16km를 벗어나지 못한다. 서울말씨는 아주 거칠어졌고, 사람들은 절대로 미안하단 말을 하지 않는다. 천 만 그루의 나무가 심겨져도 학교 운동장과 고궁을 제외하고 흙바닥은 찾아볼 수 없다. 경복궁엔 아무도 살 수 없는 집들이

지어지고, 덕수궁엔 미국민을 위한 아파트가 올라간다. 탑골공원에서 쫓겨난 할아버지 할머니들은 종묘 앞에서 낮술을 들고, 백두대간의 낙락장송은 공차기 운동장 앞에서 솔잎을 떨군다. 서울은 밤 한시까지 술을 마시고, 새벽까지 장이 서는 살아 꿈틀거리는 역설의 도시다. 그러나 강압과 저의底意를 순응과 감내堪耐로 언제까지 버텨 낼 수 있을까. 이천이년 우리는 철학이 부재한 머리로 도시의 미래를 이야기하는 왜곡된 담론의 한 가운데에 우리의 좌표를 찍는다. 여기가 서울이다.

위치 _서울에 청계천이 있다

서울에는 커다란 강이 흐르는데 한강이라 한다. 그 강의 북쪽으로 가면 남산이 있다. 남산 꼭대기에 탑이 하나 있는데 남산타워라고 한다. 그 탑의 꼭대기에 올라가서 북쪽을 보면 서쪽에 인왕산이 있고 그 오른쪽에 북악산이 있다. 북악산은 쭉 이어져서 북한산이 된다. 북한산은 다시 도봉산과 만나고 그 건너편에 수락산이 있고, 다시 남쪽으로 한참을 내려오면 흔적만 남은 산이 하나 있는데 낙산이라 한다. 인왕산, 북악산, 낙산 그리고 남산의 물을 담아 서에서 동으로 흐르는 천이 있었는데 청계

천이다. 또 두 개의 지천인 성북천과 정릉천을 볼 수 있다. 예전에는 그냥 개천으로 불렀다. 지금은 천을 볼 수 없지만 모두 청계천이라 부른다. 지하수는 아니지만 땅 속으로 흐르는 청계천은 동쪽으로 마장동이라는 동네에 가면 그 하류의 모습을 지금도 볼 수 있다. 천은 조금 더 큰 중랑천의 중랑철교와 살곶이 다리에서 만나 한강으로 흐른다. 북악산과 인왕산 그리고 남산에서 내려오는 또 다른 물줄기는 예전에 복개가 되었고, 청계천은 수십 년 전에 복개가 되어 길이 되었다. 그 길 위로 다시 하늘길 高架道路이 다닌다. 여기에 가면 왼갖 물건들을 살 수 있고 웬만한 물건들은 여기서 만들어내기도 한다. 개천의 하류로 갈수록 통용되고 버린 물건들만 모아 놓는 곳이 있는데 황학동만물시장과 마장동견인이동차보관소와 중랑하수처리장은 그 형상만 다르지 버린 물건이라 할 수 있다. 그러나 모두 요긴하게 다시 사용되고는 하는 것이 하천이 가진 자정 능력과 그 천을 따라 얽혀 있는 사람의 삶이 흡사해 배울 것이 많다.

삶 _거기에 삶이 있다

그렇다. 어디고 사람 살지 않는 곳이 없고, 누구고 절절하지 않은 삶이 없다. 그러나 언제고 삶 자체가 구체적인 무엇으로 그려지는 법은 없다. 그것은 너무 잡다하고 사실적이며 아무런 희소가치를 가지지 않는다. 언제고 누구고 그렇게 산다. 아주 오래전부터 거기서의 삶은 고단했다. 그곳은 도성의 하수가 빠져나가는 곳이었고, 계획의 여백이 만들어 놓은 공간이었다. 그래서 거기에는 번듯하고 의도된 삶이 이루어지기보다는 일상의 버거운 나날이 들어찬 곳이었다. 조선시대가 그랬고, 일제 강점기에 그러했으며 해방과 전쟁 후의 모습이 그랬다. 복개 이전의 모습이 그랬고, 복개 이후에도 그곳은 그렇다. 교환가치가 그 중심에 서 있는 곳. 물건을 팔고, 물건이 없으면 노동을 팔고, 다시 팔기 위해 무언가를 만들고, 그 만든 것이 다시 다른 물건을 만들고, 만들어서 판 것으로 건물을 세우고, 다시 물건을 만들고, 팔고, 만들고 파는 사람들을 위해 먹기도 하고, 자기도 하고, 가끔 놀기도 하는 그리고 그 근간인 사람들이 모여들어 중심을 이루는 곳. 무엇을 만들든, 무엇을 팔든, 또는 무엇을 사든 교환의 굳건한 약속만이 존재하는 곳. 수식도 없고, 허세도 없는 그래서 그곳은 아주 명료하다. 청계천을 따라가며 이루어지는 삶은 구체적이다. 그러나 이 구체적인 삶은 공간의 명료함도 장소의 의미 따위도 아니다. 단지 삶이 가진 비구상이 구체적인 물건을 통해서 만들어지고, 주고받고 그것이 거듭나서 우리의 생활 속에 살아있기 때문이다. 하나의 장소에서 다양하게 그러나 거대한 하나의 집단을 그리면서 산다는 것. 참을 수 없는 도시, 서울을 역동적이게 하는 이것.

얼개 _청계천은 입방체다

아스팔트 뚜껑을 열고 철제 계단을 따라 내려가면 하천 바닥을 만난다. 그 바닥에 굵은 모래 곱게 쌓여 있고, 그 한쪽으로 물이 흘러간다. 개천을 수직으로 세우는 콘크리트 벽이 있고 중간 중간 하수나 우수가 유입되는 관이 있다. 때로 이 벽에 예전의 석축이 드러나기도 한다. 개천에는 복개 슬라브를 떠받드는 교각이 6미터에 6미터 정도의 간격으로 늘어서 있고, 고가도로의 교각은 하천의 중심에 있으며 대략 길이 24미터 너비 8-9미터 내외의 간격으로 늘어서 있다. 이 고가도로 교각이 뚫고 올라가는 지상에 청계천로가 있다. 우리가 말하는 지상이다. 길 가운데로 개천 바닥에서부터 솟구치는 고가의 교각이 지나가고 그 사이를 차가 다닌다. 청계천로의 양쪽으로 건물이 늘어서 있고, 그 앞쪽의 보도, 도로와 건물 사이에는 사람과 물건이 함께 어울려 쌓여 있다. 청계천로의 중앙으로 지나가는 사차선의 청계고가는 청계2가-장통교 사거리에 입체교차로를 제외하고 모두 다섯 군데에서 들락거릴 수 있다. 성동구청 앞에서 내부순환도로를 타지 않고 곧바로 내려가면 고가는 복개가 끝나는 용두동—답십리 · 마장동이라고 해야 더 일반적인—에서 끝난다. 대략 삼층 정도의 높이에서 떠가는 고가는 승용차 이외에는 어떠한 접근도 허용하지 않지만 거기서 바라보이는 천변의 건물은 지상에서 보는 단층 건물의 느낌을 준다. 청계천은 서울의 어디에서 찾아 볼 수 없게 세 개의 길을 가지고 있는 공간이며, 그 공간에서 사람들은 서울의 어디에서 찾아볼 수 없게 활발하게 움직이고 있다. 그러나 고가와 복개된 하천은 걸어서 접근할 수 없다. 이제 천남과 천북을 이어주는 다리는 없지만 청계천로의 이쪽과 저쪽을 이어주는 지하도 없는 횡단보도와 육교상가—육교까지 상가로 쓰고 있다—가 있다. 청계천에서 사람들은 최소한으로 연계된 통로만을 이용해 움직이고 있다. 그러나 청계천을 수직으로 자르면 그 존재하는 모습은 지하와 지상과 공중으로 천변의 건물과 길과 사람들이 입체적인 얼개 속에 있다.

풍경 _아직도 너는 이발소 그림을 고집한다

청계1가, 무교동 일대의 풍경은 북악산과 키재기를 하듯이 높이 솟아 있다. 그러나 남산 1호터널에서 빠져나오는 길이 청계고가와 만나는 장통교 사거리의 현란한 곡예를 지나면 낮은 삼사층의 건물이 펼쳐지면서 청계천로의 중심을 흐르는 고가가 무게 중심이 된다. 이삼층 높이의 건물로 이루어진 상점이 쭉 늘어선 청계2가에서 청계5가까지 풍경은 전면에 드러나는 다양한 물건만큼이나 그 속을 알 수 없는 배후의 골목길에 대한 연상으로 간단하게 보이지 않는다. 평화시장이 시작되는 청계5가에서 시작해 동대문시장부터 삼일아파트가 있는 청계8가까지 청계천은 높지도 낮지도 않은 3층에서 7층 높이의 건물이 일체화된 덩어리가 만들어내는 긴 협곡을 이룬다. 그리고 그 가운데로 검은 잿빛의 콘크리트 덩어리인 고가가 지난다. 그러나 풍경은 여기서 그치지 않는다. 보도와 접하는 눈 높이, 1층의 상가들이 내놓은 물건과 벅적거리는 사람들로 인해 우리가 시각적으로 느끼는 청계천로는 어지럽다. 3킬로미터에 이르는 어지러움과 시끌벅적함이야말로 청계천로가 가진 놀라운 풍경이다. 이와 달리 청계고가를 타면서 예전의 서울이 가지고 있었던 그 풍경, 사람의 집들이 낮게 펼쳐지고, 그 멀리 유연한 곡선을 그리며 뻗어가는 산이 배후에 있음을 알게 된다. 물론 이것도 무교동과 가까워지면 남산만 남고 사라져버린다. 그러나 청계고가는 골목길로부터 산을 빼앗아 가버린 우리의 서울에서 평탄하게 펼쳐지는 그 풍경을 그리고 있다. 그리고 복개된 청계천의 속. 고래 뱃속이 그럴지 모르겠다. 용골龍骨을 드러내고 있는 물소리 이외에 아무 것도 없는 일점투시도의 공간. 지상의 청계천과 똑같았다. 차라리 명료하고, 직설적인 풍경. 그래 우리 이렇게 살지 않았는가. 이것이 우리의 삶을 떠받들지 않았는가. 이명박의 양윤재표 청계천복원계획안 조감도를 보고 머리에 떠오른 것은 어릴 적 이발소에 걸려있던 물레방아 도는 전원풍경과 맨하탄의 마천루 사진이 겹쳐지는 그림이었다.

시간-흔적 _기억의 외연外延에 서다

장충단공원에 가서 수표교 위를 걸어보았다. 개천을 가로지르는 데 걸리는 마흔 걸음 내외의 시간. 시간은 네가 태어나기 전부터 흐르고 있었지만 각자의 시간은 언제나 자신만큼의 시간으로 흐른다. 다시 청계천에 서서, 과거를 끌어당기기가 너무 버겁다. 하물며 미래를 껴안기에는 품이 넉넉하지 못하다. 청계천에 남겨진 것은 세운상가를 사이에 두고 관수동, 장사동, 예지동, 산림동, 임정동, 수표동에 남아 있는 골목들과 복개 속에 매몰된 얼마 안 되는 돌덩어리들과 애써 박아놓은 자리매김 돌비석이 전부다. 나의 시간은 태어날 때부터 있었던 세운상가며 복개된 청계천이다. 그 이상의 시간은 상상력을 필요로 한다. 여기서 시간은 불연속적으로 흐른다. 그러나 거기에도 이성적으로 그려볼 수 있는 시간은 있다. 가장 최근에 서울의 시간을 대변하는 무교동과 과거의 시간이 머물러 있는 세운상가 주변 그리고 칠십년대의 시간이 고스란히 정지되어 있는 평화시장에서 삼일아파트까지. 그러나 이 이성적인 시간은 분절된 것이 맞닿아 있는 모습이다. 똑같은 시공時空을 점유하고 같은 순환의 궤적이 그려졌을 텐데 남겨진 시간의 흔적은 다르다. 서로 다른 차원의 시간이 흐르고 있었던게다. 복개된 지하는 복개된 바로 그 당시의 시간을 그대로 묻어둔 채 멈춰버린 시간을 가지고 있다. 그리고 이 서로 다른 차원의 시간이 각자의 흔적을 남겨두면서 흘러가고 있다. 여기는 청계천이다. 바로 그 장소에 사는 사람들에게 되물림 되는 기억의 흔적은 또 무엇인가. 시간이 퇴적되나.

물 _물은 물이다

'배수가 잘 되도록 어느 정도의 인공이 가해진 천류川流 즉 큰 규모의 인공하수도를 가리키는 보통명사인 것이다. 그러므로 순전한 자연천류自然川流는 이를 개천이라 하지 않았으며 반드시 사람의 손이 '개開'한 '천川'이어야 하고 구거溝渠, 도랑보다는 규모가 큰 것을 표시하는 낱말로 해석해야 할 것 같다.'

– http://seoul600.visitseoul.net/seoul-history/sidaesa/txt/3-2-8-1-4-1.html

백운동천, 삼청동천, 만리뢰, 계생동천, 북영천, 원동천, 옥류천, 홍덕동천, 성북천, 정릉천, 남소문동천, 쌍리동천, 목사동천, 필동천, 주자동천, 남산동천, 창동천…… 이제 청계천의 지류로서 그 모습을 드러내고 있는 것은 정릉천과 성북천이 전부다. 상상해보면 서울은 물길과 사람길이 어울려있고, 그 멀리 물을 만들어내던 산이 있고, 그 사이사이에 낮은 집들이 들어가 있던 모습이었다. 개천 이남으로 왜인들이 터를 잡으면서 조금씩 덮여지던 천川은 근대화를 겪으면서 완전히 우리의 시야에서 사라졌다. 그러나 지하 어디에서 빗물과 하수가 섞인 모습으로 청계천과 만나고 있으리라. 청계천 뱃속에서 하수라고 그 물소리가 둔탁했던 것은 아니다. 물은 물이었다. 단지 청계천 속에서도 물은 또 다른 도랑이 있어 그 속에서만 흘러가고 있었다. 큰 물 흐르면 지하 청계천을 꽉 메우도록 흘러가지만 평상시에는 그저 그 작은 도랑 크기만큼만 흘러간다. 물소리 들으며, 물길 따라 걸으며 물은 다 물이고, 개천은 언제까지 개천이고, 그 개천에 물이 흐르지 않더라도 개천일 것이고, 어느 하루 큰비 내려 물이 우리 삶을 위협해도 물은 여전히 물인 것. 물이 물이 아니게 한 것은 물이 아니라 사람인데 사람들은 물을 탓한다. 청계천에 맑은 물은 무슨 의미를 가져야 되는지.

길 _길에서 길을 묻다

지금 우리에게 남아 있는 청계천은 물길이 아니라 사람길이다. 그것이 길인 것에 같고, 서로 다른 것을 흘려보냈기에 다르다고 생각한다. 청계천이 물길이었을 때도 사람들은 천변을 따라 움직였다. 그리고 천변을 따라 생활 터전을 일구었다. 청계천이 청계천일 수 있는 것은 만성 정체와 잦은 보수 공사 속에서도 길을 따라 긴 상권을 형성했기 때문이지 않은가. 길에게 묻는다. 이제 이 길은 무엇이 흘러가는 길이어야 하는가. 사람이 흘러가고, 물이 흘러가고, 바람이 흘러가고, 오물이 흘러가고, 상품이 흘러가고, 마장동과 정동이

흘러가고, 시간이 흘러가고, 서로 다른 의견이 흘러가고, 꿈이 흘러가고, 문화가 흘러가고, 막혀 있는 모든 것들이 흘러가고, 흘러가던 모든 것들이 여전히 흘러갈 수 있을까. 길에게 물었다. 우리는 어디로 흘러가야 하는가.

……

단순히 청계천을 바라보는 것이 아니라 이 작업에서 청계천을 바라보는 준거와 시각이 나올 수 있었으면 좋겠다는 속내를 가지고 있었다. 더디게 청계천을 지나고 있다. 그러나 청계천이 가진 그 긴 세월에 비하면 하루살이의 짧은 생애에도 못미치는 시간, 영조 임금의 장고에 비하면 촌부의 흰소리. 다시 청계천을 갈 생각이다. 거기서 자전거 펌프를 하나 샀는데 꼭지가 안 맞는다.

2002 1023

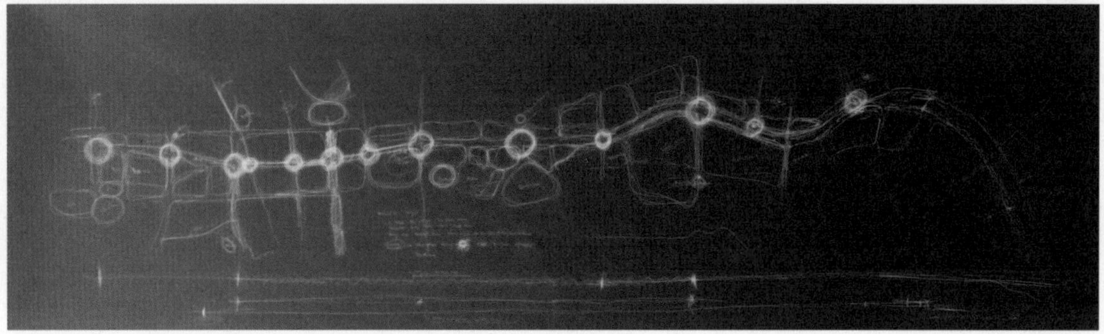

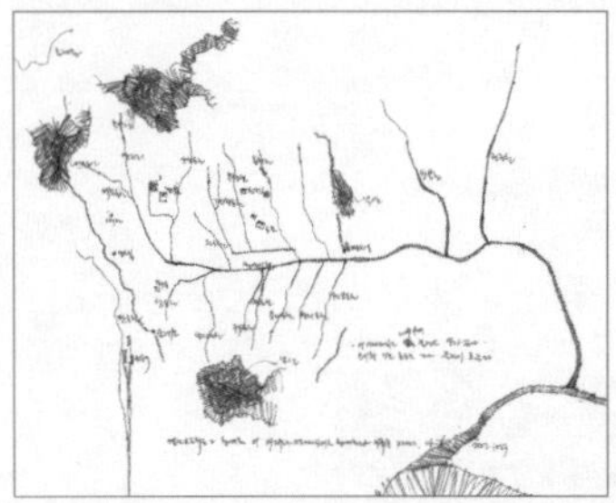

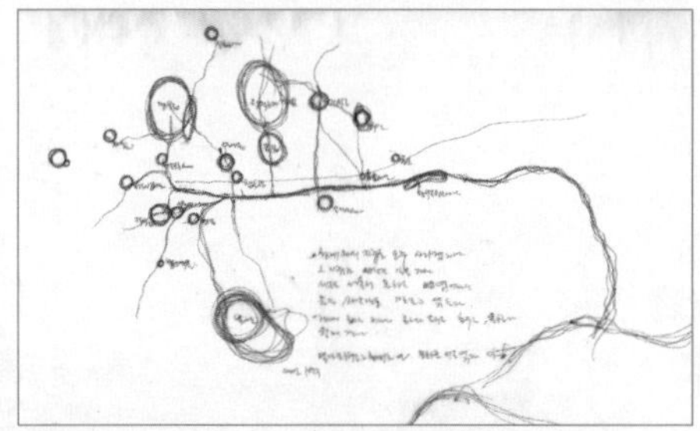

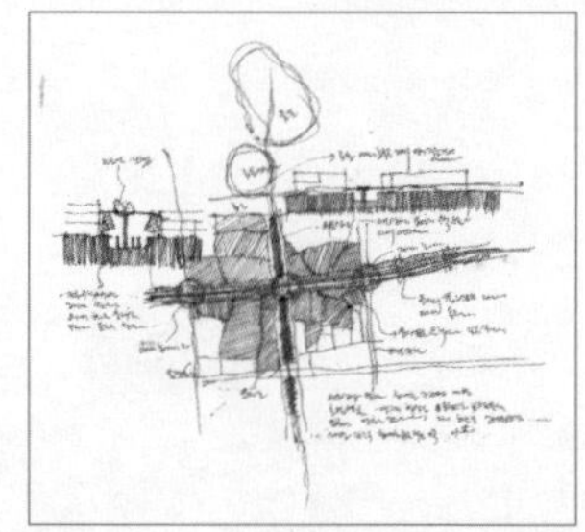

청계고가조사弔詞_열린프로젝트02 청계천

청계고가조사弔詞_고가를 오르다

청계고가조사弔詞_

"……허면 청계고가는 서울이라는 도시가 만들어낸 하나의 시詩가 될 수 있을까."[1]

그 기다란 몸체가 사라진 것은 순식간이었다. 한 번의 주저도 없이 대리집행인들은 지상에서 그 흔적을 지워버렸다. 언제고 그 존재감을 뽐낸 적도 없고, 어떻게든 그 누추함을 감추려하지 않았다. 고가의 그늘은 이십일 세기를 향한 고도古都의 떨치고 싶은 치부일 뿐이었을까. 어둠은 내쳐야만 하는 이분법의 한쪽일 뿐인가. 고가의 짙은 그늘은 소리 없이 씨줄과 날줄로 엮어낸 삶의 두꺼운 배음背音. 날구죽이 비가 내려 더없이 어둡던 이물스러움을 삶은 그렇게 자신으로 육화肉化시키는 오랜 시간의 궤적을 밟고, 개개의 삶 속에 놓이는 저마다의 고가.

고가를 오른다. 욕망의 열주를 지나 칠십년대풍 낡은 건물이 들어온다. 화석이 되어버린 잿빛 애벌레가 고가를 가로지른다. 잎맥처럼 얽혀있는 길이 보이고 그 길이 끝나는 곳에 파노라마로 산이 펼쳐진다. 그랬을 것이다. 예전의 나지막한 건물이 올망졸망 모여 있던 시절의 산은 이런 느낌으로 서울을 감싸 안았으리라. 시선이 머무는 곳 어디나 산이 솟고, 산을 따라올라 하늘에 가닿고, 하늘은 바로 머리 위로 떨어졌다. 파란 쪽빛이 그랬고, 먹장구름이 그랬으며, 별님이 그랬다. 시간을 수직으로 뚫고 하늘길에 남아있는 풍경 속의 어지러운 지붕처럼 스산한 바람이 분다.

물이 흘렀을 것이다. 물을 따라 사람들도 흘러갔으리라. 하늘길을 따라 차가 흘러 다녔고, 여전히 바람이 흘러 다닌다. 거기 청계로의 초입에 서 있으면 길의 끝까지 가보아야 한다는 강박이 든다. 어차피 삶은 안팎으로 변한다. 그래도 땅 위에 쓴 역사가 하루아침에 모든 관계의 사슬을 자르고 저대고 자신만의 노래를 불러대는 역사는 왜 반복되는 것일까. 눈을 감는다. 하늘길 길게 뻗어있는 길을 따라 꽃이 피고, 나뭇잎이 스치고, 가벼운 인사를 나누거나, 하릴없이 담배를 피워 문다. 컨베이어 벨트를 따라 움직이는 사람들을 아래로 이렇게 한가로이 하늘을 바라보아도 괜찮을지 모르겠다.

2003 1027

1) _http://www.ateliernamoo.com/openprojects/op2-ckc/op-ckc16.htm

나는 청계고가가
서울이라는 도시가
만들어낸 하나의 시詩가
되었으면 하고 바랬다
_열린프로젝트02 청계천

짙은 어둠의 그늘이 사라지고 시원하게 열린 서울의 하늘과 맑은 물이 흐르는 청계천, 그리고 어느 정도의 마찰에도 불구하고 한달음에 이루어진 사업의 추진력, 또 청계천 사업을 통한 주변 재개발 계획의 당위성 확보와 이를 통한 부의 확대 재생산과 수직적 거대도시를 향한 욕망의 실현 따위가 우선 거칠게 보이는 청계천 개발의 가시적인 성과일 것이다. 거기다 정치적인 입지의 확보까지 얘기하지 않더라도 관계된 모든 사람들과 서울시민들에게 행복한 미래에 대한 청사진을 제시했음을 부인하기 어렵다.

개인적으로 2002년 5월부터 2003년 7월까지 일년 조금 넘게 웹에서 청계천을 주제로 열린프로젝트를 진행했었다. 우리에게 청계천은 과연 무엇인지, 청계천을 개발한다고 했을 때 접근 방식은 어떠해야 하는지 그리고 궁극으로 청계천을 통해서 과연 우리는 무슨 꿈을 꿀 수 있는지를 놓고 온라인에서 진행했던 프로젝트였다. 그때 작업 중에 썼던 몇 편의 글 속에 청계천 개발에 대한 준거의 단초를 놓아 둔 것은 사실이지만 그것에 대한 확신은 유보적이었다. 시간이 흘렀다. 이제 그 준거에 대해 간단하게 얘기하려 한다.

지금 청계천사업 전반을 평가하는 것은 위험스러운 일이다. 그러나 그동안 끊임없이 제기 되었던 상충된 의견들이 있었지만 의견은 수렴의 과정을 거치지 않고 철저하게 일방적인 절차로 진행되었다. 시민참여를 위한 행사나 공청회가 요식행위였음은 결과가 말해주지 않나. 여기서 과정의 문제를 먼저 이야기하는 것은 청계천이 내포하고 있는 다양성과 잠재된 가능성, 그리고 지금의 청계천을 일구었던 삶과 그 삶의 터전에 대한 존중을 위해서 충분한 시간과 합의는 이 프로젝트가 프로젝트를 수행하는 절차 민주주의를 통한 새로운 전범이 될 수 있었지만 그러한 기회를 스스로 발탈한 꼴이 되었기 때문이다. 기본적으로 소외받은 계층에 대한 배려와 땅에 대한 신중함, 서울이라는 도시에 대한 반성적 성찰이 요구되는 사업이며, 그래서 무엇보다도 원형에 대한 합의, 개발에 따른 명확한 준거들이 먼저 정립되어야 했다. 여기서 문제는 대략 세 가지로 드러나고 이것이 청계천개발 사업을 바라보는 하나의 준거로서 역할을 할 수 있겠다. 적어도 스스로의 관점에서는 그러하다.

세 개의 준거準據

시간 _ 역사적 층위가 공존하다

서울의 사대문 안이 그러하지만 특히 청계천은 다층의 시간이 공존하는 독특한 장소다. 그 시간은 단지 고고학적 시간이 아니라 과거의 시간이 현재 시간의 한 유형으로 공존하며, 새로운 시간을 꿈꾸는 서로 다른 시간의 주기가 얽혀 있는 곳이다. 무형의 사람이 만들어 내는 시간이 그렇고, 존재하는 도시 기반시설의 물리적 구성 또한 그러하다. 그래서 청계천 개발에서 무엇보다 고려되어야 할 것은 획일적인 어느 시간의 적용이 아니라 다층의 시간 구조를 존중하면서 그리고 또 그 각각의 시간이 가진 서로 다른 시간 주기의 섞임이 공존할 수 있도록 계획되어야 했다.

삶 _ 그들이 아니라 이들이 문제다

청계천 복개와 함께 오늘날의 상권으로 자리를 잡는데 꼬박 삼십 여년의 시간이 흘렀다. 그 이전에 무허가 난민촌과 시장이 형성되어 있었다지만 청계천을 따라 일정한 수요와 공급 그리고 판매가 순차로 일어나는 유기적인 체계를 갖추기까지 청계천의 사람들은 개발론자들이 공란으로 남겨두었던 내용을 채워나가면서 스스로 삶의 모형을 만들었고 그 과정에서 다양한 방식의 삶이 각각의 공간에서 톱니처럼 이루어져 돌아가고 있었다. 그러한 삶을 바라보는 우리의 시각은 무슨 근거에선지 여전히 낡고 불합리한 것으로 치부해버리고 있다. 삶의 모형은 하루 아침에 이루어지지 않는다. 문제는 그들이 아니라 그들을 바라보는 이들 계획가와 설계가, 개발론자들에게 있었다. 청계천의 삶을 흐트러트릴 권리를 가진 사람은 아무도 없었다.

상상 _ 꿈 또는 전망을 놓다

지상에서 가장 긴 공중가로정원을 생각했었다. 느릿느릿 흐르다 보면 사대문 안 동쪽 끝과 서쪽 끝을 나지막한 건물과 산이 둘러싸고 그 길 아래로 바쁘게 움직이는 사람들을 내려다보는 꿈을 꿨다. 거대 도시 안에 지구 상에서 가장 활동적인 공간을 관조할 수 있는 길이었다. 그러다가 계단을 내려가면 나도 거기 한 사람임을 확인할 수도 있었다. 억지로 역류해서 다시 흐르는 물이 아니라 끊어졌던 주변의 천을 하나, 둘, 살려내서 그 이름을 돌려주고 싶었다. 백운동천, 삼청동천, 계생동천, 북영천 …… 하면서. 어항 속의 수초가 아니라 살아있는 개천을 돌려주고 싶었다. 그래서 도시 전체가 물길을 만들어 순환하는 자연이 될 수 있으리라 생각했다. 청계천은 기존의 서울을 증폭시키는 거대한 꿈의 용이 될 수도 있었다. 그리고 거기에 특정인의 팍팍한 꿈이 아니라 만인의 넉넉한 미래가 가능하리라고 생각했다. 더디고 더디지만 그것이 가능하리라 봤다.

이 시대에 조경을 하는 게 부끄럽다.

2005 0916

아뜰리에 나무의 사람들 그리고 감사

이수학 소장

성균관대학교 조경학과 졸업 프랑스 고등사회과학대학원과 빠리 라빌레뜨건축대학 공동개설의 "정원, 경관, 지역" 데으아학위(박사과정수료)
École des Hautes Études en Sciences Sociales et École d'Architecture de Paris La Villette, D.E.A. (Diplôme d'Études Approfondies)
"JARDINS · PAYSAGES · TERRITOIRES".

정성훈 실장

고려대학교 원예학과 졸업 경기대학교 건축전문대학원 석사학위 예원엔지니어링 K2A건축설계사무소 근무

이문숙 대리

명지대학교 건축학과 졸업

이상무 대리

경원대학교 조경학과 졸업 영국에서 롬펜생활 환경조형연구소 그륀바우 근무

송영교

강릉대학교 조경학과 졸업 주원조경 근무

나무의 물과 빛이 되어주셨던 많은 분들 그리고 무엇보다 바람이 되어 우리를 일깨워주셨던 분들, 우리환경연구소의 이성경 소장님, 후리의 이일훈 선생님, 연세대 장림종 교수님, 녹색디자인의 이동철 소장님, 네이쳐조경디자인의 이진규 실장님, 현진조경기술사사무소의 최아현 소장님과 이우진 소장님, 그리고 2003년부터 2005년까지 함께 일했던 배수현 씨, 김영진 군 모두 고마운 분들입니다. 그 동안의 작업을 묶으면서 감사드립니다.

2006. 11. 아뜰리에 나무 이수학

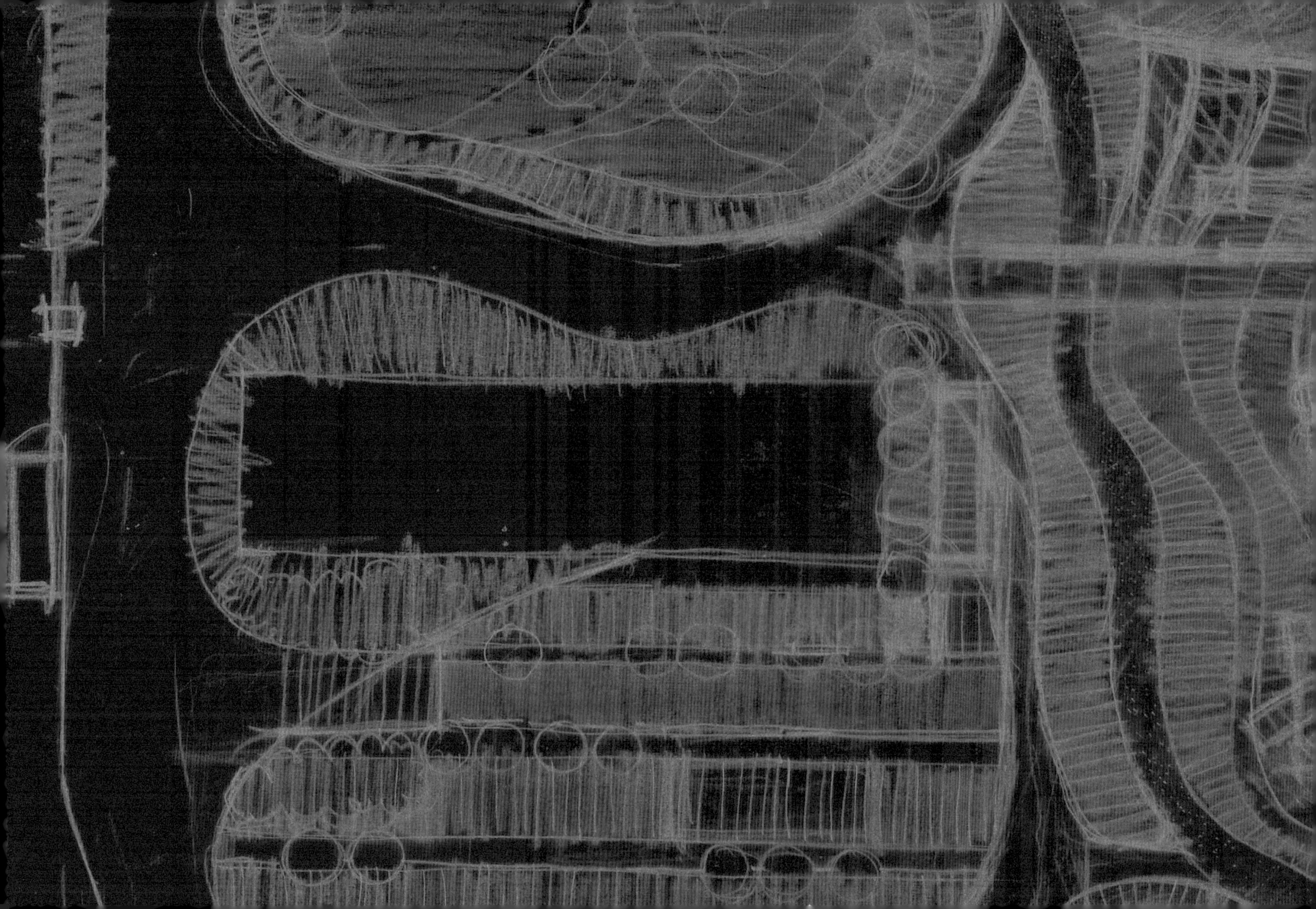